Blockly 趣味编程 与算法思维

瞿绍军◆编著

U0180113

华中科技大学出版社
http://press.hust.edu.cn
中国·武汉

内 容 介 绍

Blockly 作为一种可视化编程语言，通过类似拼图的方式构建出程序。本书主要结合游戏案例教学，以激发读者学习编程的兴趣，推动他们更深入地探究程序设计和进行算法设计。

本书共分为 15 章，各章内容由浅入深、相互衔接。第 1~9 章为基础内容，主要介绍 Blockly 的编程环境准备、输入和输出、顺序结构、变量和数据类型、运算符和表达式、选择结构、循环结构、函数和数据结构；第 10~14 章是基本算法的介绍，包括算法复杂度分析、排序算法、分治算法、贪心算法和动态规划算法；第 15 章介绍 Blockly 的二次开发。本书提供教学案例 110 个。

本书全面系统地介绍了所有的知识点，并结合程序设计思维和算法思维的讲解，由易到难进行编写，适合不同层次的读者使用。

本书配备了丰富的教学和学习辅助资料，包括 Blockly-Master 和 Blockly-Games、源代码、教学课件和课后习题答案等，既方便学生进行系统性学习，又方便学生进行碎片化学习。

图书在版编目（CIP）数据

Blockly 趣味编程与算法思维 / 瞿绍军编著. -- 武汉 ： 华中科技大学出版社，2023.6
ISBN 978-7-5680-9645-4

Ⅰ. ①B… Ⅱ. ①瞿… Ⅲ. ①程序设计－高等学校－教材 Ⅳ. ①TP311.1

中国国家版本馆 CIP 数据核字(2023)第 111669 号

Blockly 趣味编程与算法思维   瞿绍军 编著
Blockly Quwei Biancheng yu Suanfasiwei

策划编辑：范　莹
责任编辑：陈元玉
责任监印：周治超
出版发行：华中科技大学出版社（中国·武汉）   电话：(027)81321913
　　　　　武汉市东湖新技术开发区华工科技园   邮编：430223
录　　排：代孝国
印　　刷：武汉市籍缘印刷厂
开　　本：787mm × 1092mm　1/16
印　　张：12.5
字　　数：304千字
版　　次：2023 年 6 月第 1 版第 1 次印刷
定　　价：48.00元

前　言
PREFACE

　　Blockly 作为一种可视化编程语言，通过类似拼图的方式构建出程序。本书采用体验式教学方法，将趣味性和知识性有机结合起来。学习的知识点通过游戏案例的引入，采用游戏案例—知识点讲解—模拟实现—能力提升的教学方式，提升读者学习编程的兴趣，训练读者的程序思维和算法思维，最终达到解决复杂工程问题的目的。

　　本书前期内容以吸引读者兴趣为主，尽量采用游戏和图形化方式教学，让读者在玩的过程中掌握基本的编程知识，中后期逐步加入较多的编程语法知识和算法知识。教材内容设计、教材案例设计和教学实践都遵循以学生为中心的教学模式，强调学生学习的主体地位，以问题和应用为导向，提升学生解决工程问题的能力，让学生不仅理解知识本身，更知道利用知识解决实际工程问题。课程内容设计和教学实施做到由浅入深、由易到难、由简到繁。以开发的教学资源为保障，充分发挥教师的主导作用、学生的主体作用，提升学生自主学习和终身学习的能力，培养学生的学习兴趣和提升教师的教学质量。

　　本书将程序设计思维、算法思维和课程思政有机融合起来。教程编写坚持立德树人，再结合课程知识点，提炼思政元素，让学生在学习专业知识的同时，也培养他们的科学思维方式，以及正确的人生观和价值观，提升他们正确认识问题、分析问题和解决问题的能力。

　　本书的出版得到了湖南师范大学 2021 年校级规划教材建设"Blockly 趣味编程与算法思维"和教育部 2021 年第一批产学合作协同育人项目（202101123005）的资助。

　　为方便教师教学，本书配备有丰富的电子资源，包括 Blockly-Master 和 Blockly-Games、源代码、教学课件和课后习题答案等。

Blockly–Master 和
Blockly–Games

源代码

教学课件

课后习题答案

　　由于编者水平有限，书中难免有欠妥之处，敬请广大读者批评指正。读者在使用过程中若有任何疑问，可与出版社联系或发邮件（E-mail：powerhope@163.com）与编者联系。

瞿绍军

2023 年 1 月于长沙

第 1 章　Blockly 简介和编程环境的准备

1.1　Blockly 简介

2012 年 6 月，Google 公司发布了完全可视化的编程语言 Google Blockly。

Blockly 是一个将可视化代码编辑器添加到 Web 和移动应用程序的库。Blockly 编辑器使用互锁的图形块来表示代码概念，如变量、逻辑表达式、循环等，它可让用户不必关注语法细节就能直接按照编程原则进行编程。

Blockly 简介

1. 创建一个 Blockly 应用程序

从用户的角度来看，Blockly 是一种直观的可视化代码构建方式。从开发人员的角度来看，Blockly 是一个现成的用户界面，用于创建可视化语言，从而为用户生成正确的代码。Blockly 可以将块导出为多种编程语言，包括以下流行的选项。

- JavaScript；
- Python；
- PHP；
- Lua；
- Dart。

以下是构建 Blockly 应用程序的高层级细分。

（1）集成 Blockly 编辑器。最简单的 Blockly 编辑器包含一个用于存储块类型的工具箱和一个用于排列块的工作空间。

（2）创建你的应用程序块。在应用程序中安装了 Blockly 后，你需要为用户创建用于编码的块，然后将其添加到你的 Blockly 工具箱中。

（3）了解如何创建自定义块。构建应用程序的其余部分，Blockly 本身就是一种生成代码的方法。你的应用的核心是决定如何处理该代码。

（4）为 Blockly 做出贡献。如果想让人们知道你使用 Blockly 构建应用程序，则可以从贡献页面获取 Built on Blockly 徽章。

2. Blockly 的优势和其他选择

在越来越丰富的可视化编程环境中，Blockly 只是其中的一个，下面列举 Blockly 的几个优势。

- 可导出代码。用户可以将基于块编写的程序转换成通用的编程语言，并平滑过渡到基于文本的编程。
- 开源。关于 Blockly 的一切都是开放的：你可以用自己的方式修改它，并在你自己的网站中使用它。
- 精简。Blockly 不仅仅是玩具，还可以用它完成复杂的编程任务，例如，在单个块中计算标准偏差。
- 国际化。Blockly 已被翻译成 40 多种语言，包括阿拉伯语和希伯来语的从右到左的版本。

3. Blockly 应用示例

图 1.1 所示为 Google Blockly 代码编辑器（Code Editor）界面，每个图形对象都是代码块，你可以将它们拼接起来，创造出简单的功能模块，然后将一个个简单的功能模块组合起来，构建出一个程序。

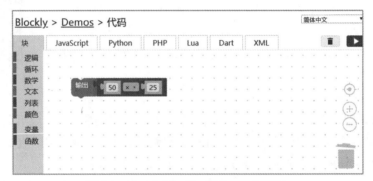

图 1.1　Google Blockly 代码编辑器界面

图形块易于初级用户或年龄较小的读者学习编程，利用图形块的编程方式，可以将抽象的计算思维具体化，将复杂的编程思想形象化，可极大地提升读者的学习兴趣，帮助读者实现创意。

Blockly 的应用，比较著名的有 CODE、Microsoft MakeCode、micro:bit、Scratch Blocks 等。Blockly 可生成五门流行的编程语言和 XML 代码，如图 1.2 所示。

- JavaScript；
- Python；
- PHP；
- Dart；
- Lua；
- XML。

图 1.2　可生成的语言环境

本书前面部分主要讲解 Blockly 的代码编辑器（Code Editor），后面专门讲解 Blockly 的二次开发。

1.2　Blockly 编程环境

Blockly 编程环境

1. Code Editor 介绍

Blockly 可以在线开发，也可以离线开发。笔者提供了安装软件的二维码（请参见前言中的"Blockly-Master 和 Blockly-Games"二维码），官方在线网址为 https://developers.google.cn/blockly/。Blockly 在线代码编辑器界面如图 1.3 所示。

图 1.3　Blockly 在线代码编辑器界面

Blockly 离线版本下载的 GitHub 网址为 https://github.com/google/blockly，其界面如图 1.4 所示。

图 1.4　Blockly 离线版本下载的 GitHub 网址的界面

Blockly 下载完成后，解压下载目录，进入 Blockly 的 demos 下双击运行"index.html"即可启动，如图 1.5 所示。

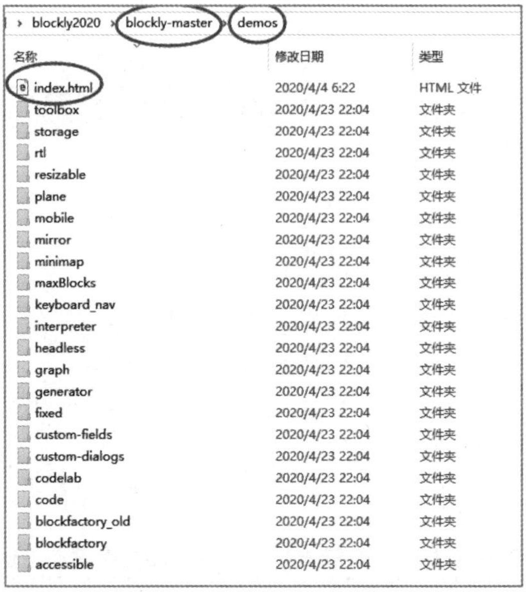

图 1.5　启动 Blockly 网页

打开网页之后，找到"代码编辑器（Code Editor）"，如图 1.6 所示。然后点击"Code Editor"，即可进入代码编辑器（Code Editor）界面，如图 1.7 所示。

```
; i <= 100
3 == 0) {          Code Editor
.alert('Fi         Export a Blockly program into JavaScript, Python, PHP, Lua, Dart, or XML.
f (i % 5 =
```

图 1.6　"代码编辑器（Code Editor）"链接界面

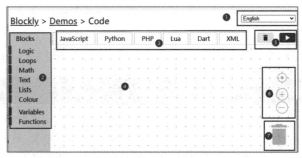

图 1.7　代码编辑器（Code Editor）界面

💬 **注意！**

也可以打开 demos\code 下的 index.html 直接启动代码编辑器。

代码编辑器界面主要包括 7 大部分。

（1）语言选择菜单：通过语言选择菜单可以选择不同国家的语言，其中包括简体中文和繁体中文。

（2）代码块：代码编辑器提供的代码积木块，包括逻辑（Logic）、循环（Loops）、数学（Math）、文本（Text）、列表（Lists）、颜色（Colour）、变量（Variables）、函数（Functions）8 大类。

（3）语言转换选项卡：点击对应的语言选项卡，会自动把积木块代码转换成对应的语言代码。

（4）代码工作区：搭建积木块的代码工作区。

（5）删除和运行程序按钮：删除（ ▤ ）按钮用于删除代码工作区中的全部积木块代码；运行（ ▶ ）按钮用于运行积木代码工作区中的代码。

（6）放大缩小功能区： ◉ 表示代码居中显示， ⊕ 表示放大显示积木块代码， ⊖ 表示缩小显示积木块代码。

此外，在代码工作区还可以通过滚动鼠标中键放大或缩小代码工作区的显示大小。

（7）垃圾桶：存放已经删除的积木块代码。把代码工作区中的积木块拖到垃圾桶即可删除对应代码；点击垃圾桶可以查看所有已经删除的积木块代码，点击对应的代码块可以把代码块添加到代码工作区。

🔍 注意！
> 最新版本的 Blockly 的代码编辑器有可能不能正常显示，如果出现此种情况，请下载笔者提供的版本。

2. Blockly Games 的使用

Blockly Games 项目是一系列教授编程的教育游戏，旨在鼓励未来的程序员。它是专为没有编程经验的青少年设计的。当这些游戏结束时，玩家就可以开始使用传统的编程语言进行相关的学习了。可以在线使用，也可以下载到本地使用。

Blockly Games
的使用

在线使用网址为：https://blockly.games/。

离线下载网址为：https://github.com/google/blockly-games/wiki/Offline。

Blockly Games 包括 8 个游戏，如图 1.8 所示。

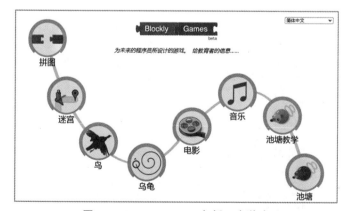

图 1.8 Blockly Games 包括 8 个游戏

Blockly Games 中的每个游戏都涉及相应的编程知识内容，具体游戏和涉及的知识点如表 1.1 所示。

表 1.1   Blockly Games 游戏和涉及的知识点

游戏名称	涉及的知识点
拼图	了解 Blockly 的形状及各个部分是如何结合的
迷宫	了解顺序、循环及入门条件
鸟	了解选择结构及选择结构的深层次内容
乌龟	了解循环的深层次内容及嵌套循环，使用嵌套循环绘制图片
电影	了解数学方程入门内容，利用数学知识来制作电影的动画，并将电影公之于众
音乐	了解函数知识，以及使用函数来作曲，然后将你的音乐播放给全世界的人听
池塘教学	了解图形块编程、JavaScript 文本编程，在块和文本编辑器中来回切换
池塘	了解开放式的比赛，使用块或 JavaScript 为最聪明的鸭子编程

图 1.9 所示为拼图游戏界面，可以帮助读者快速了解积木块是如何用拼图搭建代码的。

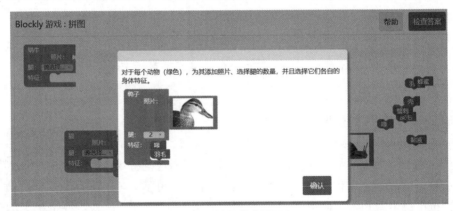

图 1.9   拼图游戏界面

接下来，读者可以自己体验一下游戏！

拼图游戏完成后的结果如图 1.10 所示。

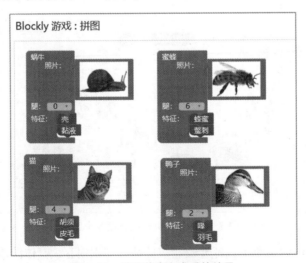

图 1.10   拼图游戏完成后的结果

读者可以根据实际情况采用先体验游戏，然后学习知识，或者可以直接学习知识。

1.3　Blockly 代码编辑器的使用

本节通过一个简单的示例讲解代码编辑器（Code Edit）的使用方法。

Blockly 代码
编辑器的使用

（1）启动代码编辑器，将语言切换到"简体中文"。

（2）添加积木块，点击"文本"块，如图 1.11 所示。

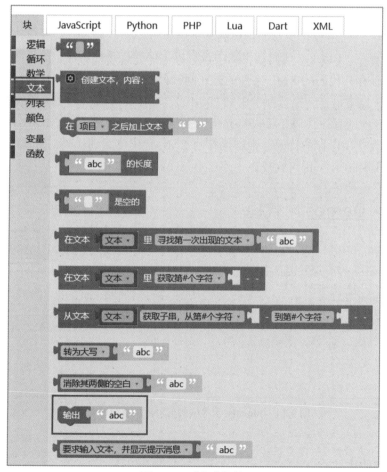

图 1.11　"文本"块

（3）在弹出的"文本"积木块中选择"输出'abc'"积木块，按住鼠标左键拖动到代码工作区，点击输出后面的"abc"，可以修改引号中的文本，在"abc"里输入"hello, world"，如图 1.12 所示。

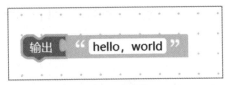

图 1.12 输出代码

（4）运行程序，点击右上角的小三角形按钮运行程序，浏览器将弹出输出信息小窗口，如图 1.13 所示。

图 1.13 运行结果

（5）保存程序，Blockly 代码编辑器中没有提供保存代码的功能，如果需要保存代码，那么可以通过保存其代码的 XML 文件的方式间接保存。

操作方法：点击语言转换选项卡中的"XML"，如图 1.14 所示，代码工作区显示的 XML 代码即为 Blockly 的程序代码，可以将此代码复制到文本文件或其他文本工具，然后保存。

如果后续要使用保存的代码，则将保存的 XML 代码复制到代码编辑器的 XML 选项卡下，再将界面切回到块，即可在代码工作区显示出积木块代码。

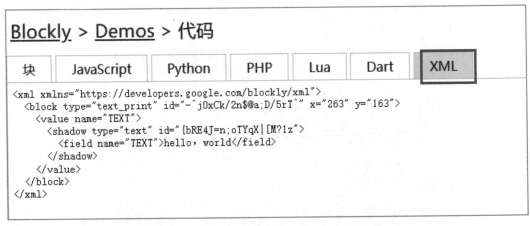

图 1.14 Blockly 积木块代码对应的 XML 文件

🔖 提示！

    快捷键的使用。
    Ctrl+Z，撤销上一次的操作，可以多次撤销。
    Ctrl+Y，恢复上一次的操作，可以多次恢复。

1.4　代码块的操作方法

在代码工作区中，用鼠标右键单击代码块，弹出如图 1.15 所示的快捷菜单。通过快捷菜单，用户可以复制、添加注释、折叠块、禁用块、删除块和打开帮助功能。

图 1.15　在代码工作区中单击鼠标右键弹出的快捷菜单

（1）复制：进行代码块的复制。当在某个代码块上单击鼠标右键，并从弹出的快捷菜单中单击"复制"命令后，将复制出对应代码块（包括该代码块内部的所有代码块）的一个副本，如图 1.16 所示。

图 1.16　复制代码块

（2）添加注释：对代码进行注释说明，程序在运行的时候会忽略注释的内容。当在某个代码块上单击鼠标右键，并从弹出的快捷菜单中单击"添加注释"命令后，该代码块左上角会多出一个蓝色圆圈，圆圈里面有一个问号，如图 1.17（a）所示。单击该问号，会弹出一个文本框，可以输入注释的内容，如图 1.17（b）所示。

（a）单击鼠标右键后弹出的菜单　　　　　　　　（b）添加注释

图 1.17　给代码块添加注释

添加注释后，单击问号图标可以打开或者关闭注释框。如果在对应的代码块上单击鼠标右键，在弹出的快捷菜单中会出现"删除注释"命令，如图 1.18 所示。单击"删除注释"命令可以删除对应代码块的注释内容。

图 1.18　删除注释

（3）折叠块：使代码块显示更紧凑。当代码量很大时，通过这种方式可以很有效地对代码进行管理和组织。当在代码块上单击鼠标右键，并在弹出的快捷菜单中单击"折叠块"命令时，显示样式从图 1.19（a）变成图 1.19（b）。

（a）单击"折叠块"命令　　　　　（b）显示样式的变化

图 1.19　折叠块

如果在折叠后的代码块上单击鼠标右键，在弹出的快捷菜单中将会出现"展开块"命令，单击"展开块"命令后，显示样式从图 1.19（b）变成图 1.19（a）。

（4）禁用块：单击"禁用块"命令后，对应的代码块变成灰色。程序运行的时候会忽略被禁用的代码块，如图 1.20（a）所示。在禁用的代码块上单击鼠标右键，在弹出的菜单中将会出现"启用块"命令，单击该命令后可以启用该代码块，如图 1.20（b）所示。

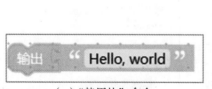

（a）"禁用块"命令　　　　　（b）"启用块"命令

图 1.20　禁用块和启用块

（5）删除块：删除被选择的代码块，同时相应代码块的内部代码块也会被删除。

通过这种方式删除代码块时不会出现删除提示，一定要特别小心。万一不小心删除了代码块，那么有两种方式可以恢复：①按 Ctrl+Z 快捷键，撤销上一次操作。②单击代码工作区右下角的垃圾桶，在垃圾桶中把删除的代码重新拖到代码工作区中。

此外，还可以先选中要删除的代码块，然后按"Delete"键进行删除，或者把要删除的代码块拖到"垃圾桶"图标上面。

（6）帮助：打开对应块的帮助网页。

（7）外部输入：在某些代码块（如计数循环）上单击鼠标右键，在弹出的快捷菜单中将会出现"外部输入"命令，单击"外部输入"命令后，显示样式从图 1.21（a）变成图 1.21（b），代码块变成多行输入方式。在外部输入的代码块上单击鼠标右键，在弹出的快捷菜单中将会出现"单行输入"命令，如图 1.21（c）所示，单击该命令后，将把有多个选项的代码块放到一行上，显示样式从图 1.21（c）变成图 1.21（a）。

（a）"外部输入"命令

（b）显示样式的变化

（c）"单选输入"命令

图 1.21　外部输入和单行输入

1.5　课程学习方法

Blockly 是一门实践性强的课程，学习本课程的时候，最重要的一点就是要动手练习、亲自实践。成功的秘诀就是练习、练习、再练习。

《荀子·劝学篇》中写道："故不积跬步，无以至千里；不积小流，无以成江海。骐骥一跃，不能十步；驽马十驾，功在不舍。锲而舍之，朽木不折；锲而不舍，金石可镂。"意思是：不积累一步半步的行程，

课程学习方法

就没有办法到达千里之远；不积累细小的流水，就没有办法汇成江河大海；骏马一跨越，也不足十步远；劣马连走十天，也能走很远，它的成功在于不放弃。如果刻几下就停下来了，即使是一块朽木，你也刻不动它；然而，只要你一直刻下去，哪怕是金属、石头，都能雕刻成功。这就是说，成功的秘诀不在于一蹴而就，而在于持之以恒。

在编程类课程学习中，正如《荀子·劝学篇》中阐明的道理，代码的积累，即是一个从量变到质变的过程，成功的关键在于持之以恒。

1.6　习题

1. 熟悉 Blockly 编程环境。
2. 编程输出"Hello World"。

第 2 章 输入和输出

2.1　Blockly 输入

Blockly 代码编辑器的输入块为"文本"模块中的"要求输入文本，并显示消息'abc'"，如图 2.1 所示。

图 2.1　"文本"模块功能图

其中输入有两种方式，可以通过点击文字"要求输入文本，并显示提示消息"打开下拉选项并选择，包括"要求输入文本，并显示提示消息'abc'"和"要求输入数字，并显示提示消息'abc'"，如图 2.2 所示。

引号中的"abc"为提示性文本，可以替换成自己想要设置的内容。

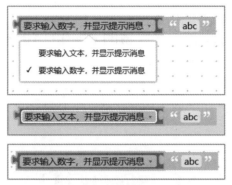

图 2.2　Blockly 的输入块

2.2　Blockly 输出

Blockly 代码编辑器的输出块为"文本"模块中的"输出'abc'"，如图 2.3 所示。

图 2.3　Blockly 的输出块

输出块后面可以接变量或其他模块（如逻辑块、数字块、文本块、列表块和颜色块中的大部分模块），如果是文本内容，则可以直接修改引号中"abc"的内容为你想要输出的文本，其他模块直接拖到输出后即可，如图 2.4 所示。

图 2.4　输出块示例

【例 2.1】　输入/输出示例，从键盘输入一个字符串并输出，从键盘输入一个数字并输出。代码如图 2.5 所示，输出块后面接对应的输出块，即可实现对应功能。

图 2.5　输入/输出代码模块应用

输入/输出示例运行过程如图 2.6 所示。

（1）在如图 2.6（a）所示的提示输入文本窗口的文本输入框中输入文本"Hello"（见图 2.6（b）），点击"确定"按钮后，将输出"Hello"（见图 2.6（c））。

（2）在如图 2.6（d）所示的提示输入数字窗口的文本输入框中输入数字"2022"（见图 2.6（e）），点击"确定"按钮后，将输出"2022"（见图 2.6（f））。

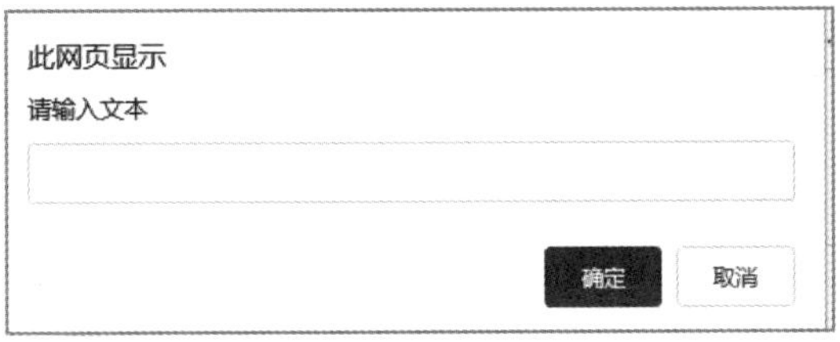

（a）提示输入文本窗口

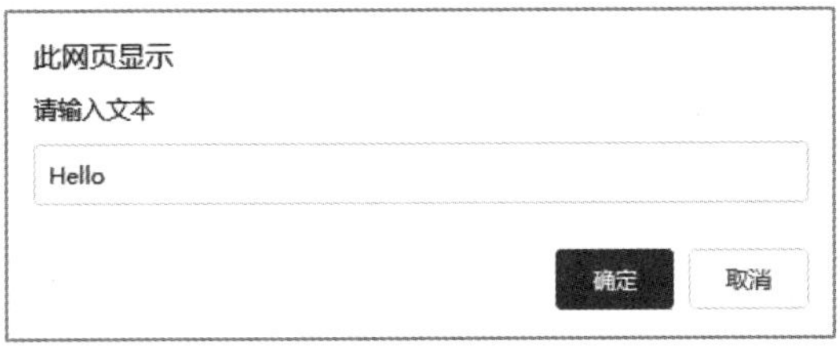

（b）在输入文本框中输入"Hello"

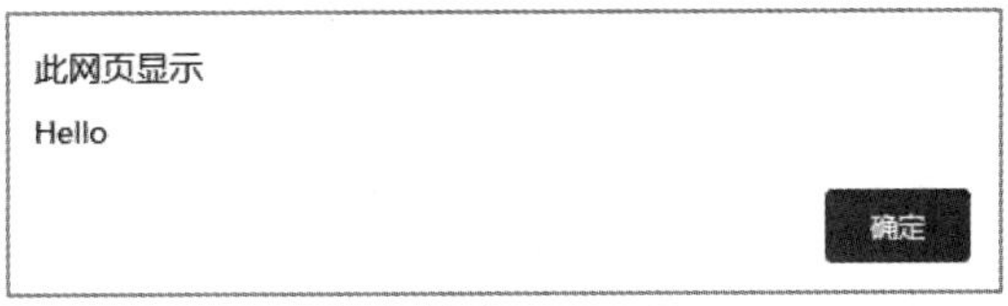

（c）输出"Hello"

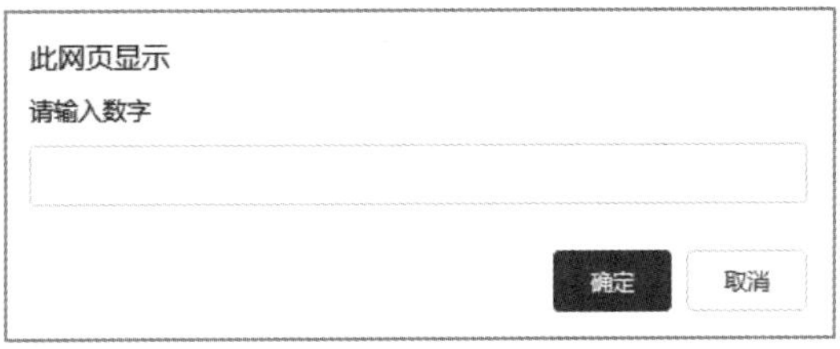

（d）提示输入数字窗口

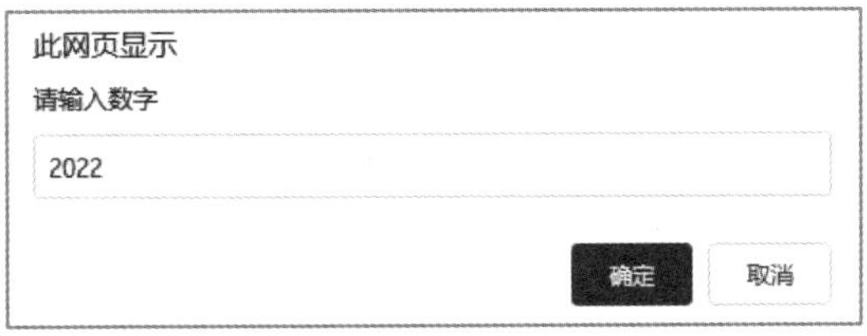

（e）在输入文本框中输入"2022"

（f）输出"2022"

图 2.6　输入/输出示例运行过程

🔍 **注意!**

如果在图 2.6（d）中输入字符串，例如图 2.7（a）所示的"Hello"，点击"确定"按钮，则显示"NaN"，如图 2.7（b）所示。

（a）在输入数字窗口中输入文本

（b）运行结果

图 2.7　在输入数字窗口中输入字符串示例

2.3　习题

1. 从键盘输入一个字符串，然后输出。
2. 从键盘输入一个数字，然后输出。

第3章 顺序结构

顺序结构

3.1 导入案例：Blockly Games—迷宫游戏

读者可以先体验迷宫游戏的第 1 关和第 2 关，第 1 关如图 3.1 所示。

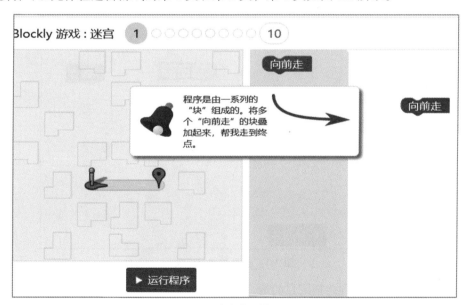

图 3.1 迷宫游戏第 1 关

迷宫游戏第 1 关任务：小黄人到达指定目的地。

游戏中蕴含的编程知识点：程序是由一系列的"块"组成的，将多个块堆叠起来可以构成更加复杂的程序，即程序中的顺序结构。

游戏解答：小黄人要到达指定目的地，需向前走 2 步，要使用两个"向前走"积木块，如图 3.2 所示。

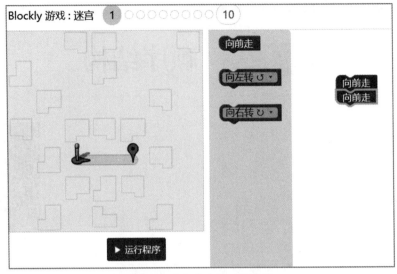

图 3.2　迷宫游戏第 1 关解答

迷宫游戏第 2 关：与第 1 关类似，小黄人要到达指定目的，但是行走路径不再是直线，需要转弯，如图 3.3 所示。

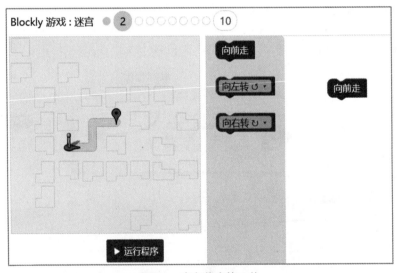

图 3.3　迷宫游戏第 2 关

游戏解答：小黄人要到达指定目的地，需要 5 步。

- 向前走；
- 向左转；
- 向前走；
- 向右转；
- 向前走。

迷宫游戏第 2 关解答如图 3.4 所示。

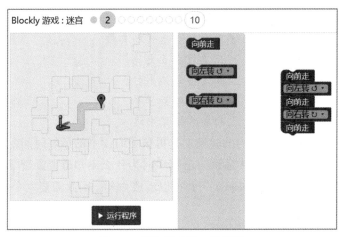

图 3.4　迷宫游戏第 2 关解答

3.2　顺序结构程序设计

迷宫游戏中，小黄人从起点到达指定目的地由若干步骤按顺序组成，这就是顺序结构。

顺序结构是最基本、最简单的程序结构，它由若干操作步骤依序组成。顺序结构会按照各部分的排列次序依次执行。

程序语言一般有三类基本程序结构语句：顺序结构语句、选择结构语句和循环结构语句。

已经证明：任何可解问题的解决过程都是由这三种结构通过有限次组合而成的。

Blockly 中，程序是由一系列的"块"组成的，通过一系列积木块堆叠构成复杂的程序。

【例 3.1】　利用积木块打印迷宫游戏第 2 关小黄人移动的指令。

通过第 3.1 节中的分析，小黄人需要 5 步到达目的地，即向前走、向左转、向前走、向右转、向前走。

下面通过 Blockly 的输出块打印出小黄人移动的指令，如图 3.5 所示。

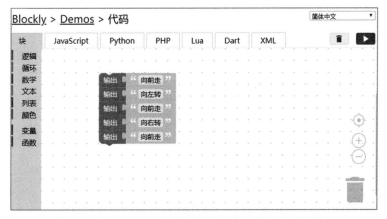

图 3.5　通过 Blockly 的输出块打印出小黄人移动的指令

【例 3.2】　输出下面古诗，并打印其译文：

《劝学》—唐代颜真卿

三更灯火五更鸡，

正是男儿读书时。

黑发不知勤学早，

白首方悔读书迟。

译文：每天三更半夜到鸡啼叫的时候，是男孩子们读书的最好时间。少年时只知道玩，不知道要好好学习，到老的时候才后悔自己年少时为什么不知道要勤奋学习。

分析：这首诗加标题、诗句和译文一共可以看成六句，因此需要六个输出积木块，代码如图 3.6 所示。

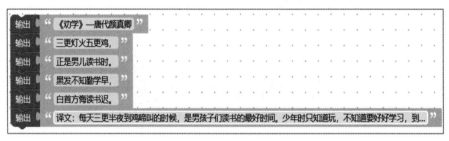

图 3.6　输出古诗的代码

点击运行后，浏览器会依次弹出四句诗的窗口，如图 3.7 所示。

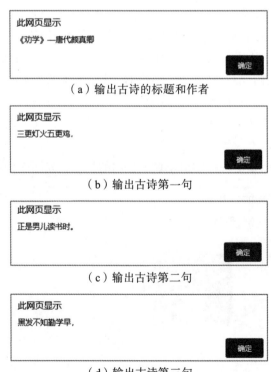

（a）输出古诗的标题和作者

（b）输出古诗第一句

（c）输出古诗第二句

（d）输出古诗第三句

图 3.7　输出古诗后的运行结果

此网页显示

白首方悔读书迟。

确定

（e）输出古诗第四句

此网页显示

译文：每天三更半夜到鸡啼叫的时候，是男孩子们读书的最好时间。少年时只知道玩，不知道要好好学习，到老的时候才后悔自己年少时为什么不知道要勤奋学习。

确定

（f）输出古诗译文

续图 3.7

古诗的诗句依次显示出来，这就是顺序结构的特点。

3.3 习题

1. 输出如下信息。

中国，我爱你

我爱你，中国

2. 打印下面的古诗或自己喜爱的古诗。

《就义诗》

夏明翰

砍头不要紧，只要主义真。

杀了夏明翰，还有后来人。

第4章 变量和数据类型

4.1 变量

变量是在内存中占据一定的存储单元且其值可以改变的量。Blockly 中，变量必须先定义后使用。

变量

4.1.1 变量的创建

在"变量"模块中进行变量的创建，如图 4.1 所示。

图 4.1　创建变量

点击"创建变量"后，会弹出定义新变量名称的窗口，如图 4.2 所示。

此网页显示

新变量的名称：

n

确定　　取消

图 4.2　定义新变量名称的窗口

变量的命名：在 Blockly 中，变量的命名方式比较随意，不受限于数字或字符，字母、数字、中文、特殊字符任意组合均可。

为了规范化，尽量选用简单明了的字符，做到"见名知义"，避免与程序中的其他名称重复。

在图 4.2 所示的文本输入框中，输入变量的名称为 n，点击"确定"按钮后完成变量的定义。在"变量"模块中将看见定义的变量 n，如图 4.3 所示。

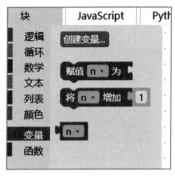

图 4.3 "变量"模块

4.1.2 变量的使用

变量创建好后，变量使用时有三种方式，即赋值、将变量的值增加 1 和取值。

1. 赋值

给变量一个确定的值，如给变量 n 赋一个数字 100。

（1）从"变量"模块中把"赋值 n 为"模块拖放到代码工作区，如图 4.4 所示。

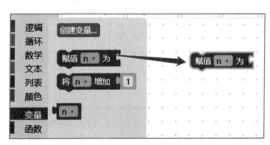

图 4.4 使用变量的赋值块

（2）从"数学"模块中把"123"数字块拖放到"赋值 n 为"块插槽后，如图 4.5 所示。

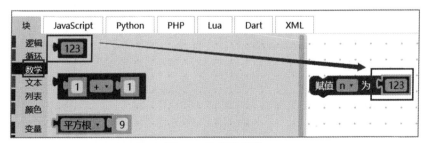

图 4.5 拖放数字块

（3）点击数字块"123"，删除"123"，然后输入"100"，即可将变量 n 的值赋值为 100，如图 4.6 所示。

图 4.6   给变量 n 赋值 100

Blockly 提供的变量定义不区分类型，只是在内存中分配一定的存储空间，可以给定义的变量赋任何 Blockly 支持的类型值。

2. 将变量的值增加 1

将变量的值在原来的基础上增加 1。如图 4.7 所示，开始将 n 赋值为 100，然后将 n 增加 1，最后 n 的值为 101。

图 4.7   变量的值增加 1

3. 取值

取出 n 的值在代码中使用，如图 4.8 所示，最后输出的结果为 101。

图 4.8   使用 n 的值

【例 4.1】   定义一个变量，然后从键盘输入文本给变量，再把输入的数据输出。

分析：要实现本题要求的功能，需要用到创建的"变量"块、"输入"块和"输出"块，如图 4.9 所示。

图 4.9   给变量从键盘输入数据并输出

运行后，首先弹出输入数据窗口，如图 4.10 所示，输入"Hello blockly"，点击"确定"按钮后，输出结果如图 4.11 所示。

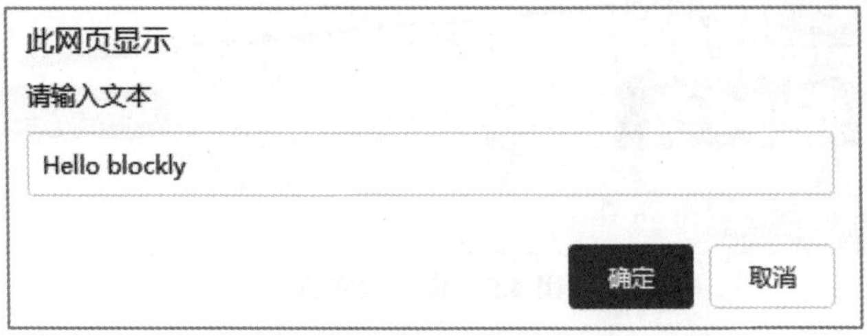

> 此网页显示
>
> 请输入文本
>
> | Hello blockly |
>
> 确定   取消

图 4.10   输入数据窗口

图 4.11　输出结果窗口

4. 重新命名变量名称

（1）点击赋值后面的变量名称，如图 4.12 所示。在弹出的下拉选项中，选择"重命名变量"，将会弹出修改变量名称的窗口，如图 4.13 所示。

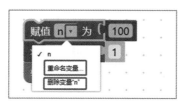

图 4.12　选择"重命名变量"

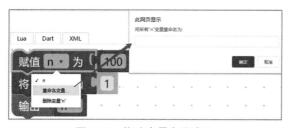

图 4.13　修改变量名称窗口

（2）输入新的变量名称后，点击"确定"按钮，程序会自动修改所有引用该变量的名称，如图 4.14 所示，在文本框中输入变量名称"s"后，代码工作区中的所有 n 都自动修改为"s"。修改变量名称后的代码如图 4.15 所示。

图 4.14　输入变量名称"s"

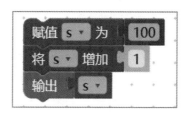

图 4.15　修改变量名称后的代码

5 .删除变量

在图 4.12 中选择"删除变量'n'",弹出删除变量提示窗口,如图 4.16 所示。点击"确定"按钮后,将删除变量的定义和所有对变量的引用。

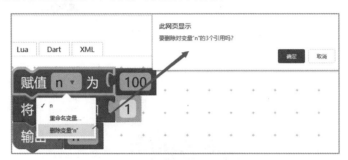

图 4.16   删除变量提示窗口

4.2   Blockly 数据类型

Blockly 中的数据类型包括数字、文本、逻辑类型和列表。程序中的数据都有特定的类型,数据的表示方式、取值范围以及对数据的操作都由数据所属的类型所决定。一个数据属于某个特定的类型后,允许操作的运算也就确定了。例如,数字类型可以执行算术运算、关系运算等;字符串则可以进行比较、连接等操作。

4.2.1   数字

"数学"模块里的大多数模块都可以输入数字,在存储长度范围内可以输入任意数字,但在这些允许输入数字的模块中,不允许输入字符。Blockly 代码编辑器在"数学"模块中提供了数字块,数字块可用来输入数字类型的数据,也可以用来给变量赋值和进行算术运算等,即可以用在所有需要使用数字的地方,数字可以是整数、小数。数字块如图 4.17 中所示的"123"块。

数据类型–数字

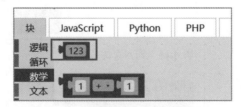

图 4.17   "数学"模块和数字块

在代码编辑器中,如果想通过键盘输入数字类型的数据,则需要通过图 2.2 中的"要求输入数字,并显示提示消息'abc'"块进行输入。图 4.18 所示为通过键盘输入数字来给变量赋值,并输出。

图 4.18　从键盘输入数字类型数据

【例 4.2】　从键盘输入两个数，使用简单计算器求它们的和并输出。

分析：

在程序设计中，大部分程序都可以看成是由输入、处理、输出三部分组成的，但部分程序也可以缺少其中部分成分。输入即从键盘或文件读取需要的数据；处理是实现要完成的功能，比如计算；输出是将结果展示给用户。

对应到简单计算器：输入——两个数；处理——计算两个数的和；输出——把计算出来的和展示给用户。

对应到 Blockly：输入，需要定义两个变量，然后分别通过"要求输入数字，并显示提示消息 'abc'"块输入数据，此外，还要定义一个变量用来存放求和后的结果；处理，通过算术运算符（+）求和，此处需要用到"数学"模块中的求和运算符，如图 4.19 所示；输出，通过输出块输出。简单计算器的代码如图 4.20 所示。

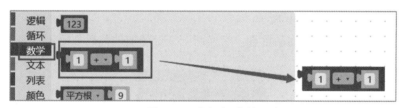

图 4.19　求和（+）块

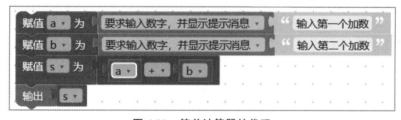

图 4.20　简单计算器的代码

【例 4.3】　累加器，计算 1+2+3+4+5 的值。

分析：

输入：本题可以不需要输入数据，直接在代码中用数字块给值就可。

处理：Blockly 中只能计算两个数相加的结果，不能进行连加，因此，要采用累加的方式进行计算，即先算出两个数相加的结果，再用此结果加第三个数，以此类推。

输出：将计算出来的和展示给用户。

累加计算代码如图 4.21 所示。

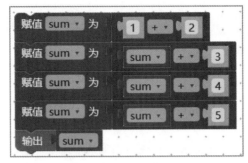

图 4.21　累加计算代码

【例 4.4】　交换变量的值。有两个瓶子 a 和 b，分别盛放醋和油，现要求将它们互换，即把 a 瓶子中的醋倒放到 b 瓶子，b 瓶子中的油倒放到 a 瓶子。模拟交换的过程。

数据类型–交换
两个变量的值

分析：设 a 瓶子中有 150 毫升醋，b 瓶子中有 180 毫升油，要交换 a 瓶子里的醋与 b 瓶子里的油，需要借助一个空瓶子 t。

（1）把 a 瓶子中的醋倒入 t 瓶子；

（2）把 b 瓶子中的油倒入 a 瓶子；

（3）把 t 瓶子中的醋倒入 b 瓶子。

输出交换 a、b 瓶子中的物品重量。交换两个变量的值的代码如图 4.22 所示。

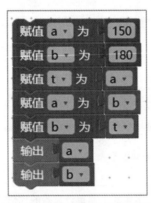

图 4.22　交换两个变量的值的代码（1）

知识引申：请读者思考，交换两个变量的值的时候，可不可以不借助变量 t 完成两个变量值的交换。

分析：如果两个变量存放的值对应的数据类型是数字类型，则可以做到，如 a=150，b=180，计算过程如下：

（1）若 a=a+b，则 a=330；

（2）b=a-b，则 b=150；

（3）a=a-b，则 a=180。

通过三步计算完成了 a 和 b 的值的交换，交换两个变量的值的代码如图 4.23 所示。

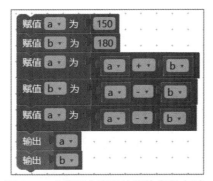

图 4.23　交换两个变量的值的代码（2）

4.2.2　文本

Blockly 中，文本又称字符串，在"文本"模块中提供了字符串块，如图 4.24 中的双引号块。在字符串块内，允许输入任何形式的字符和数字，只要不超出特定的长度，就都是合法的。

数据类型–
文本和逻辑类型

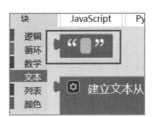

图 4.24　"文本"模块（字符串块）

在"文本"模块中有一个由内容创建的文本块，即"建立文本从"块，如图 4.25 所示，其作用就是将多个字符串合并起来。其内容后也可以接变量，其类型可以是任意数据类型。

图 4.25　"建立文本从"块

"建立文本从"块在内容后默认可以接两个文本块，读者可以通过单击左上角的蓝色方框将项目添加到拼接块中，以增加文本块的数量，如图 4.26 所示。

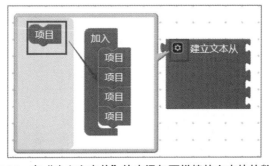

图 4.26　在"建立文本从"块中添加可拼接的文本块的数量

【例 4.5】　修改例 4.4，输出的时候显示出"a=a 的值，b=b 的值"的形式。

分析：按照题目的要求，需要在一行中将 a、b 的值输出，并且要求按照格式输出，因此需要用到合并文本块，交换两个变量的值的代码如图 4.27 所示。

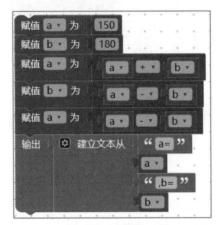

图 4.27　交换两个变量的值的代码（3）

代码运行结果如图 4.28 所示。

图 4.28　代码运行结果

4.2.3　逻辑类型

Blockly 中，逻辑类型仅有真（true）和假（false）两个值，如图 4.29 所示。

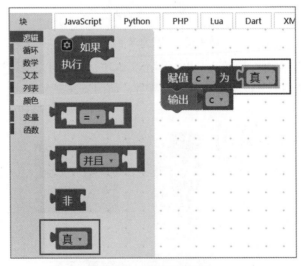

图 4.29　逻辑类型数据

有关列表类型在后面章节单独进行介绍。

4.3　习题

1. 输出逻辑值"真"和"假"。
2. 计算 1+2+3+4+5+6+7+8+9+10 的值。
3. 计算四边形的周长，四边形的四边长通过键盘输入。

第 5 章　运算符和表达式

5.1　Blockly 运算符

运算符是指用来表示在数据上执行某些特定操作的符号，而参与运算的数据称为操作数。

运算符

使用运算符把常量、变量和函数等运算成分连接起来，再组合成有意义的式子，称为表达式。

Blockly 包括以下几种运算符。

（1）赋值运算符。

（2）算术运算符。

（3）关系运算符。

（4）逻辑运算符。

5.1.1　赋值运算符

Blockly 中，赋值运算与变量初始化的表达式相同，使用的都是"变量"模块中的赋值块，赋值运算的值即为所赋的值。只有定义了变量后，才会在"变量"模块中出现赋值块，如图 5.1 所示。

图 5.1　Blockly 的赋值运算符

【例 5.1】　赋值运算符的使用。

分析：图 5.2 中定义了三个变量 a、b 和 c，将数字 123 赋值给 a，文本 "Hello" 赋值给 b，60+120 的值赋值给 c。

图 5.2　赋值运算符的使用

5.1.2　算术运算符

算术运算符用来处理四则运算的符号，共有 6 种算术运算符。算术运算符在 "数学" 模块中，如图 5.3 所示，点击 "+" 号后，在出现的下拉列表中可以切换不同的运算符，"+" 号下面共有 5 种运算符。另外一种求余运算符是单独的块。

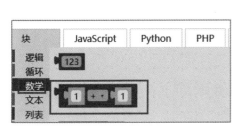 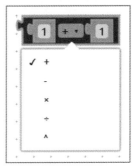 

图 5.3　算术运算符

算术运算符的含义如表 5.1 所示。

表 5.1　算术运算符

运算符	含义	描述	a=7，b=5
+	加	两个数相加	a+b=12
−	减	两个数相减	a−b=2
×	乘	两个数相乘	a×b=35
÷	除	两个数相除，除法进行的是实数除法	a÷b=1.4
^	幂	返回 x 的 y 次幂	a^b=16807
余数	求余数	返回两个数相除的余数	a 除以 b 的余数为 2

【例 5.2】　算术运算符的使用。

分析：将表 5.1 中的示例用代码实现，如图 5.4 所示。

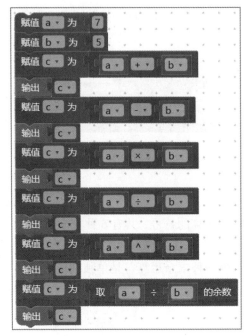

图 5.4　算术运算符的使用

5.1.3　求余运算符

余数（a÷b）的返回值为 a 除以 b 所得的余数。余数的结果在符号上与 a 相一致，值的绝对值小于 b 的绝对值。

【例 5.3】　求余运算符的使用。

分析：通过本例演示当被除数和除数符号相异时，余数的值的正负如何确定，如图 5.5 所示。

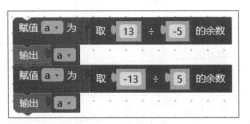

图 5.5　求余运算

运行图 5.5 中的代码后，输出的结果分别为 3 和-3。

【例 5.4】　扩展引申。Blockly 中提供了求余运算符，但是没有提供两个整数整除的运算符，思考如何实现两个数的整数除法，从而求得整数商？

分析：通过前面的学习，在除法运算中，如果两个数能够整除，则返回的结果是一个整数，因此，可以进行逆向思考，先把两个数相除的余数求出来，用被除数减掉余数，最后用减掉余数后的被除数除以除数即可得到整数商。整除运算如图 5.6 所示。

代码运行后输出商为 7，余数为 12。

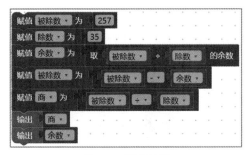

图 5.6　整除运算

5.1.4　关系运算符

Blockly 中，关系运算符共有 6 种。关系运算符在"逻辑"模块中，如图 5.7 所示。点击"="号后，在下拉列表中可以切换不同的关系运算符。

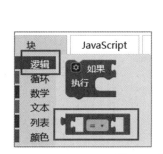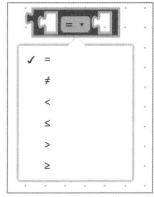

图 5.7　关系运算符

关系运算符的含义如表 5.2 所示。

表 5.2　关系运算符

运算符	含义	描述	a=7，b=5
=	等于	如果等号两边的数据相等，则返回真（true），否则返回假（false）	a=b，结果为 false
≠	不等于	如果等号两边的数据不相等，则返回真（true），否则返回假（false）	a≠b，结果为 true
<	小于	如果第一个数据比第二个数据小，则返回真（true），否则返回假（false）	a<b，结果为 false
< =	小于等于	如果第一个数据小于等于第二个数据，则返回真（true），否则返回假（false）	a < =b，结果为 false
>	大于	如果第一个数据比第二个数据大，则返回真（true），否则返回假（false）	a>b，结果为 true
> =	大于等于	如果第一个数据大于等于第二个数据，则返回真（true），否则返回假（false）	a > =b，结果为 true

【例 5.5】 关系运算符的使用。

分析：将表 5.2 中的示例用代码实现，如图 5.8 所示。

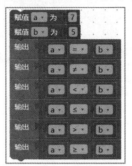

图 5.8   关系运算符的使用

关系运算符常用于选择结构和循环结构中，表示进行条件判断。

5.1.5   逻辑运算符

Blockly 中，逻辑运算符包括并且、或、非三种，如图 5.9 所示。逻辑运算符中的操作数只能是逻辑类型值或者由关系运算符构成的表达式。

图 5.9   逻辑运算符

并且：如果两个操作数的结果都为真，则返回真（true），否则返回假（false）。

或：如果两个操作数中至少有一个结果为真，则返回真（true），否则返回假（false）。

非：如果操作数结果为假，则返回真（true）；如果操作数结果为真，则返回假（false）。

【例 5.6】 逻辑运算符的使用。将图 5.10 所示中的值分别进行逻辑运算，然后输出其结果。

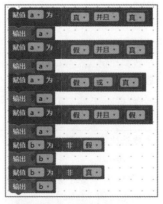

图 5.10   逻辑运算符的使用

5.1.6　运算符优先级

Blockly 与其他编程语言不同，不需要考虑运算符的优先级问题，因为 Blockly 将不同的运算符集成在不同的模块中，使用时以模块嵌套的形式出现，因此，其运算顺序只能由里到外。

5.2　表达式

使用运算符将常量（数字、文本、逻辑等值）、变量和函数等运算成分连接起来，组合成有意义的式子，即表达式。

表达式

单个常量、变量和函数也都可以看成是一个表达式，表达式经过计算后都会得到一个确定的值，这个值就是表达式的值。

【例 5.7】　计算函数 $f=3x^2+2x+4$ 的值，x 的值通过键盘输入。

分析：

输入：x。

处理：用数学表达式计算函数的值。

输出：f 的值。

计算函数的值的代码如图 5.11 所示。

图 5.11　计算函数的值的代码

【例 5.8】　给定一个三位整数，剥离出它的个位数字、十位数字和百位数字，并分别输出其结果。

分析：此处要借鉴例 5.4 的思路，利用求余数和整除来剥离各个位上的数字。

如将整数 321 进行剥离，过程如下。

（1）利用求余运算符，321 除以 10 可以得到余数 1，此处的余数即为个位数字。

（2）得到个位数字之后，想办法把个位数字去掉，让三位数变成两位数。我们可以先拿 321 减去余数，即 321-1=320，再拿 320 除以 10，得到 32，这样即可把三位数变成两位数。

（3）按照（1）和（2）的方法，即可剥离除剩下的数字。如利用求余运算符，32 除以 10 得到余数 2，此处的 2 即为十位数字。

（4）计算 32-2=30，30 除以 10 得到 3，3 即为百位数字。

剥离数字的代码如图 5.12 所示。

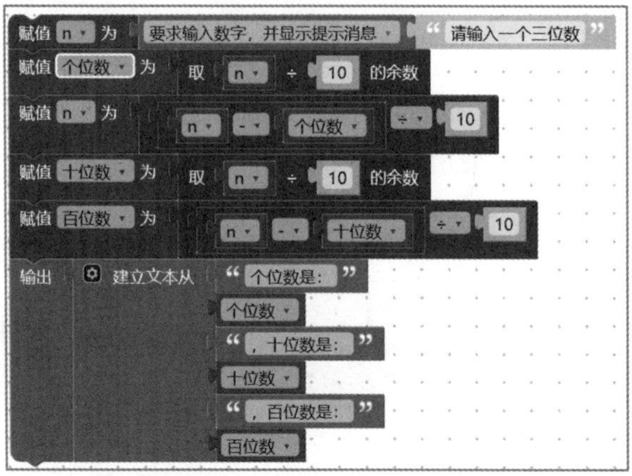

图 5.12　剥离数字的代码

运行并输入 123，其输出结果如图 5.13 所示。

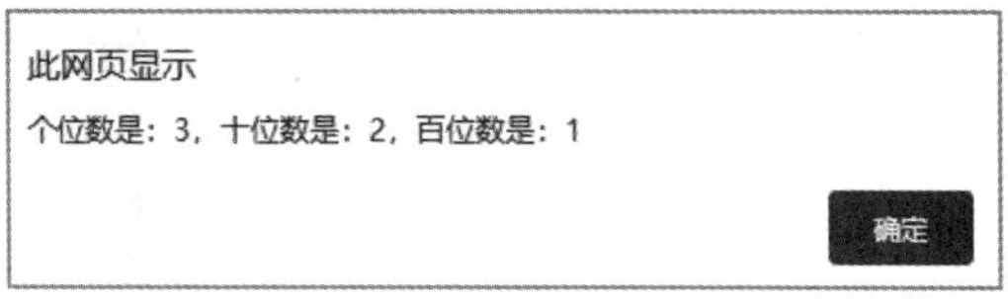

图 5.13　输出结果

5.3　习题

1. 给定一间房的长和宽，长为 15 米，宽为 6 米。试编写一个程序，计算该房间的面积为多少平方米？

提示：长方形的面积公式是 s=a×b。

2. 输入 x，计算并输出符号函数 sign(x)的值。sign(x)函数的计算方法如下：

sign(x)=-1(x<0)

sign(x)=0(x=0)

sign(x)=1(x>0)

3. 输入圆的半径，求圆的周长和面积，并输出计算结果。

4. 给定一个四位整数，剥离出它的个位数字、十位数字、百位数字和千位数字，并分别输出其结果。

第6章 选择结构

6.1 Blockly 导入案例

鸟（bird）游戏：体验鸟游戏第 1~5 关，第 1 关如图 6.1 所示。

选择结构–导入案例

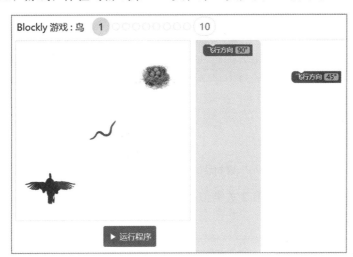

图 6.1 鸟游戏第 1 关

鸟游戏第 1 关任务：改变鸟的飞行方向，让鸟捉到虫子并且飞回它的鸟巢。

游戏解答：要让鸟捉到虫子，需要让鸟按照 45° 方向飞行，修改右边飞行方向为 45°即可，如图 6.2 所示。

图 6.2 鸟游戏第 1 关解答

鸟游戏第 2 关任务：使用"还没捉到虫子"块，让鸟能够在没抓到虫子时飞向一个方向，而抓到虫子之后飞向另一个方向，如图 6.3 所示。

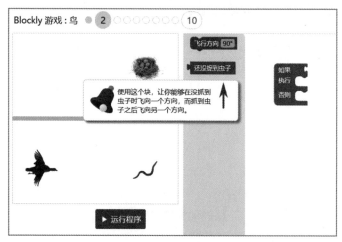

图 6.3　鸟游戏第 2 关

游戏解答：这里用到了一个新块"如果……执行……否则……"，如图 6.4 所示。含义为：如果值为真，则执行第一块语句；否则，执行第二块语句。

鸟游戏第 2 关解答如图 6.5 所示，如果还没捉到虫子，让鸟按照 0° 的方向飞行，即水平向右飞向虫子，捉到虫子后，则让鸟按照 90° 的方向飞行，即垂直向上飞向鸟巢。

图 6.4　"如果……执行……否则……"语句块　　图 6.5　鸟游戏第 2 关解答

鸟游戏第 3 关任务：与鸟游戏第 2 关类似，先要捉到虫子，然后飞向鸟巢，如图 6.6 所示。

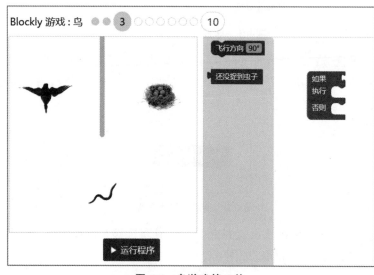

图 6.6　鸟游戏第 3 关

游戏解答：本关通关代码如图 6.7 所示，如果还没捉到虫子，让鸟按照 300° 的方向飞向虫子，捉到虫子后，则让鸟按照 60° 的方向飞向鸟巢。

图 6.7 鸟游戏第 3 关解答

鸟游戏第 4 关任务：本关比第 3 关要复杂一些，这里要用到逻辑表达式和坐标，如图 6.8 所示。

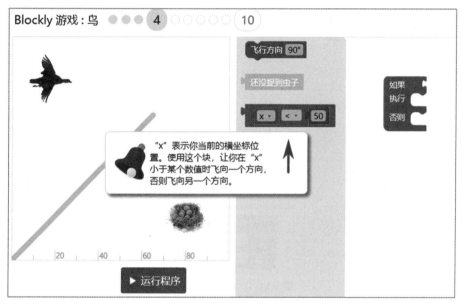

图 6.8 鸟游戏第 4 关

这里的"x"表示你当前的横坐标位置。使用这个块，让你在"x"小于某个数值时飞向一个方向，否则飞向另一个方向。

游戏解答：本关通关代码如图 6.9 所示，如果 x 小于 80，让鸟按照 0° 的方向飞行，否则让鸟按照 270° 的方向飞向鸟巢。

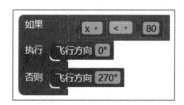

图 6.9 鸟游戏第 4 关解答

鸟游戏第 5 关任务：本关与第 4 关类似，需要用到逻辑表达式和坐标，另外要自己在"如果"块中增加"否则"块，如图 6.10 所示。

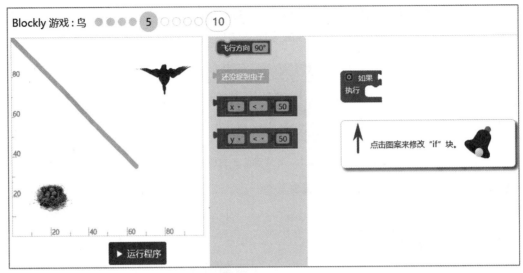

图 6.10　鸟游戏第 5 关

"如果"块扩展方法：点击"如果"块左上角的蓝色方框，在弹出的窗口中将"否则"块拖动到右边"如果"块的下面，如图 6.11 所示。

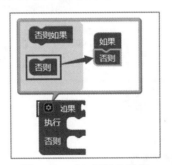

图 6.11　"如果"块扩展

游戏解答：本关通关代码如图 6.12 所示，如果 y 大于 20，则让鸟按照 270° 的方向飞行，否则让鸟按照 180° 的方向飞向鸟巢。

图 6.12　鸟游戏第 5 关解答

鸟游戏的第 2~5 关蕴含的编程知识：选择结构。选择结构通过判断某些特定条件是否满足来决定下一步的执行流程，是非常重要的控制结构。常见的有单分支选择结构、双分支选择结构、多分支选择结构和嵌套的选择结构。选择结构的形式比较灵活多变，具体使用哪一种，最终还是取决于要实现的业务逻辑。

6.2　单分支选择结构

单分支选择结构和流程如图 6.13 所示（如果……执行……），首先进行条件测试：如果测试结果为真（T），则执行"执行"块里面的代码块（可以是多个语句块）；否则（F）跳过这些块，继续执行后面的代码块。

单分支选择结构

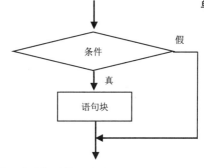

图 6.13　单分支选择结构和流程

【例 6.1】　根据输入的分数 x 判断成绩是否为优秀，如果分数大于等于 90 分，则输出"成绩为优秀"。

分析：

输入：分数 x。

处理：判断成绩是否大于等于 90 分。

输出：成绩大于等于 90 分输出"成绩为优秀"。

过程如下。

创建变量 x，如图 6.14 所示。

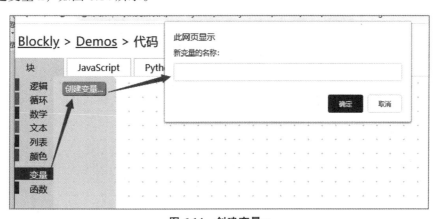

图 6.14　创建变量 x

完整代码如图 6.15 所示。

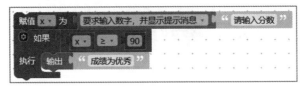

图 6.15　单分支选择结构示例代码

运行程序，输入 98，则输出"成绩为优秀"，如图 6.16 所示。

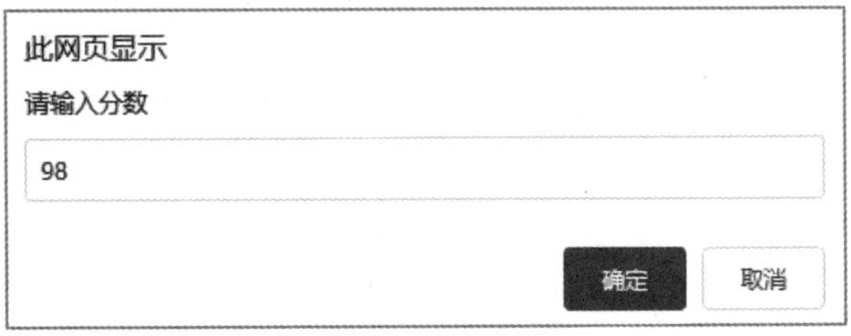

```
此网页显示
请输入分数

98

        确定  取消
```

（a）输入数据

```
此网页显示
成绩为优秀

            确定
```

（b）运行结果

图 6.16　输入数据和运行结果

【例 6.2】　报数游戏，如果报数的人报的数是 3 和 5 的公倍数，就说"Pass"，报其他数则不出声。

试编写一个程序，输入一个整数，若是 3 和 5 的公倍数，则输出"Pass"。

分析：这里的整数需要同时整除 3 和 5，因此要用到逻辑运算符"并且"和算术运算符"求余"。

报数游戏的代码如图 6.17 所示。

图 6.17　报数游戏的代码

运行结果如下。

请输入一个整数：15

输出：Pass

请输入一个整数：5

输出显示：无

【例 6.3】　三个数字排序。输入三个数字，按从大到小的顺序依次输出。

分析：

输入：三个数字，假设三个数字为 a、b 和 c。

处理：要对三个数进行排序，需要通过两两比较来决定大小，可以按照以下三个步骤进行比较。

（1）a 和 b 进行比较，如果 a 小于 b，则交换 a 和 b 的值。

（2）a 和 c 进行比较，如果 a 小于 c，则交换 a 和 c 的值。

经过（1）和（2）的比较之后，a 成为三个数中最大的数。

（3）b 和 c 进行比较，如果 b 小于 c，则交换 b 和 c 的值。

经过（3）比较后，b 成为 b 和 c 中大的数，c 成了最小的数。

输出：从大到小依次输出数字。

三个数排序的代码如图 6.18 所示。

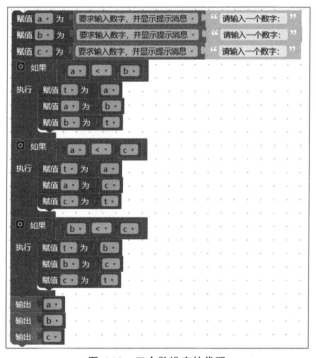

图 6.18　三个数排序的代码

6.3　双分支选择结构

双分支选择结构，在 Blockly 代码编辑器中只提供了单分支选择块，通过对其进行扩展来得到双分支选择块，如图 6.19 所示。点击"如果"块左上角的蓝色方框，在弹出的窗口中将"否则"块拖动到右边"如果"块的下面。

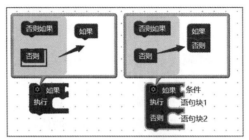 

双分支选择结构

图 6.19   通过扩展得到双分支选择块

双分支选择结构执行流程如图 6.20 所示。首先进行"如果"块后的条件测试：如果测试结果为真（true），则执行"执行"里面的语句块 1；否则（false）执行"否则"里面的语句块 2，其中语句块可以是多个语句块。

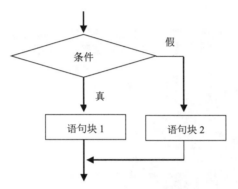

图 6.20   双分支选择结构执行流程

【例 6.4】   根据分数 x 判断成绩是否合格，如果分数大于等于 60 分，则输出"合格"，否则输出"不合格"。

分析：

输入：分数 x。

处理：判断成绩是否大于等于 60 分。

输出：成绩是否合格。

双分支选择结构的代码如图 6.21 所示。

图 6.21   双分支选择结构的代码

【例 6.5】   计算闰年。

分析： 判断一个年份是否为闰年的条件：①非整百年数除以 4，无余数为闰年，有余数不是闰年；②整百年数除以 400，无余数为闰年，有余数不是闰年。

输入：年份。

处理：根据判断闰年的条件来判定输入的年份是否为闰年。

输出：是否为闰年。

闰年计算的代码如图 6.22 所示。

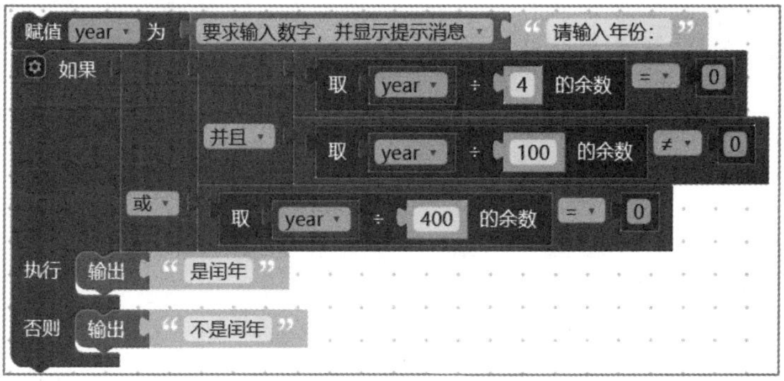

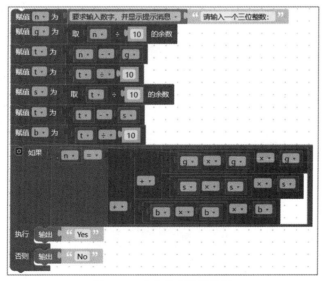

图 6.22 闰年计算的代码

【例 6.6】 水仙花数，输入一个三位数整数，判断其是否为水仙花数，如果是，则输出"Yes"，否则输出"No"。水仙花数是指一个三位数，满足如下条件：假设该三位数记作 abc，则 $abc=a^3+b^3+c^3$。

分析：

输入：一个三位数整数。

处理：根据 $abc=a^3+b^3+c^3$ 来判断三位数是否符合该条件，因此，需要先将三位数的个位数、十位数、百位数剥离出来。

如何对数字进行剥离？需要用到求余和整除，其中整除可以参考例 5.4 来实现。

输出：根据判定结果输出"Yes"或"No"。

求水仙花数的代码如图 6.23 所示。

图 6.23 求水仙花数的代码

代码说明如下。

假设输入数字为 153，那么

赋值 g 为 取 n ÷ 10 的余数　表示得到个位数字，即 3。

赋值 t 为 n - g　表示用 n 减去个位数字，目的是把个位数字去掉，即 t=153-3=150。

赋值 t 为 t ÷ 10　表示用 t 除以 10，得到商，去掉了 n 之前的个位数字，即 150 ÷ 10=15。

赋值 s 为 取 t ÷ 10 的余数　表示得到 n 的十位数字，即 5。

求百位数字也是采用这样的方法，t-s=15-5=10，然后 b=t÷10=1。

6.4　多分支选择结构

学习本节内容前，读者可以先体验鸟（bird）游戏的第 6~10 关。游戏的任务还是让鸟捉到虫子后，再飞回鸟巢。

鸟游戏第 6 关的界面如图 6.24 所示，这里需要扩充"如果"模块。鸟游戏第 6 关的解答如图 6.25 所示（解答不一定唯一）。

多分支选择结构

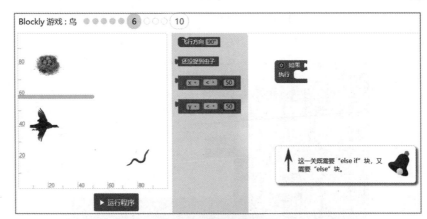

图 6.24　鸟游戏第 6 关

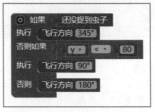

图 6.25　鸟游戏第 6 关解答

鸟游戏第 7 关的界面如图 6.26 所示，其解答如图 6.27 所示。

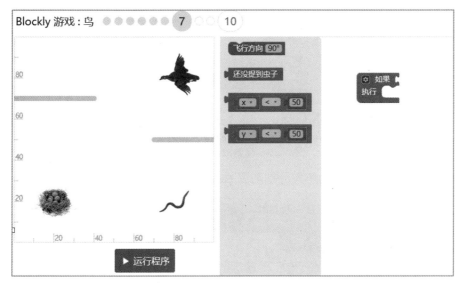

图 6.26　鸟游戏第 7 关

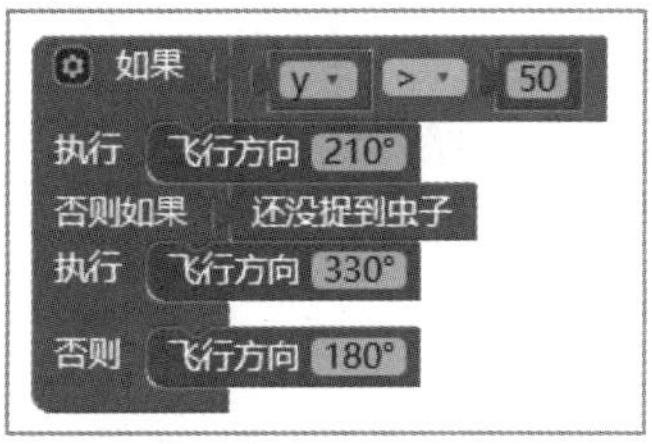

图 6.27　鸟游戏第 7 关解答

鸟游戏第 8 关的界面如图 6.28 所示，其解答如图 6.29 所示。

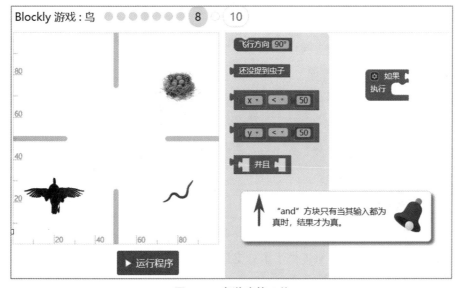

图 6.28　鸟游戏第 8 关

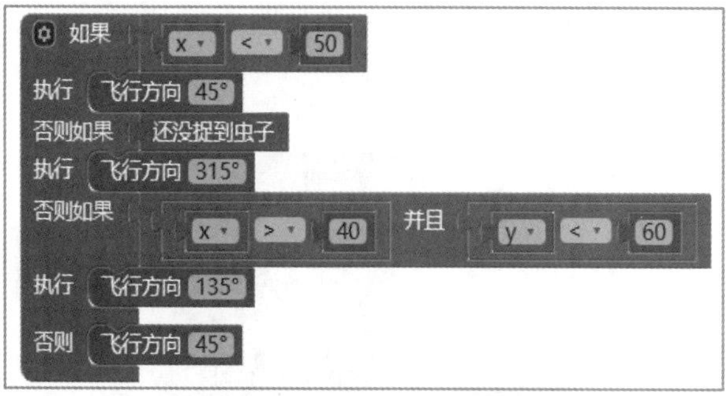

图 6.29　鸟游戏第 8 关解答

鸟游戏第 9 关和第 10 关的解答分别如图 6.30、图 6.31 所示。

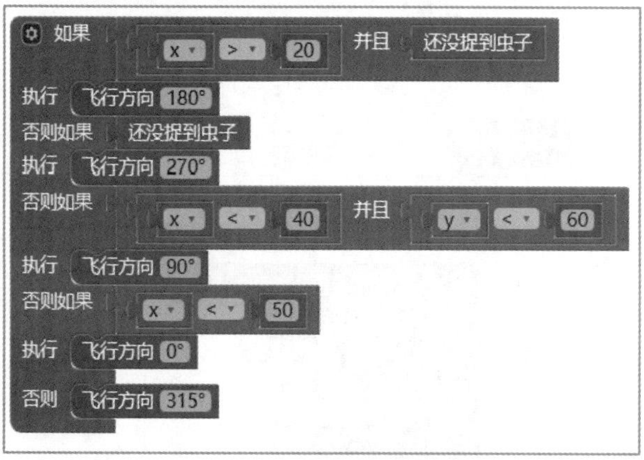

图 6.30　鸟游戏第 9 关解答

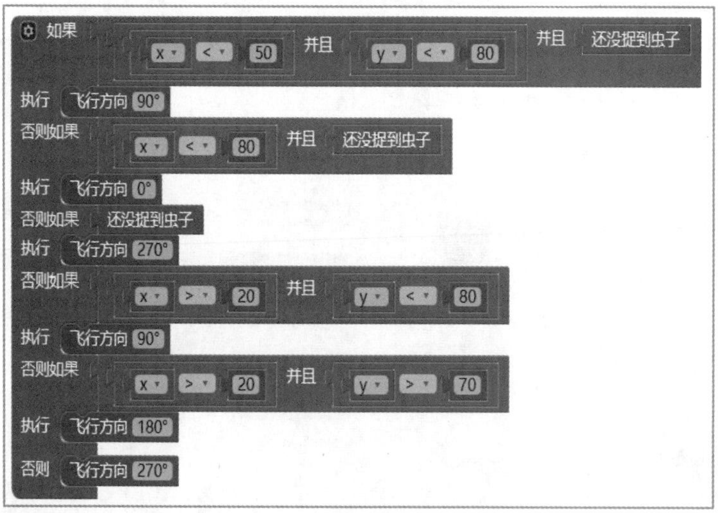

图 6.31　鸟游戏第 10 关解答

在 Blockly 代码编辑器中只提供了单分支选择块，通过对其进行扩展可得到多分支选择块，如图 6.32 所示。可以根据需要添加多个"否则如果"，而"否则"最多可以添加一个，并且只能放到最后。多分支选择结构流程如图 6.33 所示。

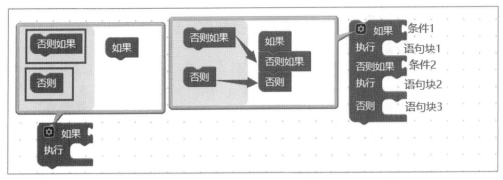

图 6.32 多分支选择结构

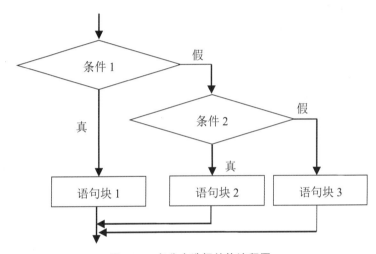

图 6.33 多分支选择结构流程图

多分支选择块执行逻辑:如果条件 1 结果为真(true),则执行语句块 1,否则为假(false),继续进行条件判断,如果条件 2 结果为真(true),则执行语句块 2,否则为假(false),执行语句块 3。其中语句块可以是多个语句块。

【例 6.7】 成绩等级判定。输入一个成绩,判定其等级。判定规则如下:如果成绩大于等于 90 分,等级判定为"优秀";如果成绩大于等于 80 分并且小于 90 分,等级判定为"良好";如果成绩大于等于 70 分并且小于 80 分,等级判定为"中等";如果成绩大于等于 60 分并且小于 70 分,等级判定为"及格";如果成绩小于 60 分,等级判定为"不及格"。

分析:

输入:成绩。

处理:根据判定规则进行判断,这里用一个变量 grad 将成绩等级记录下来。

输出:成绩对应等级。

成绩等级判定的代码如图 6.34 所示。

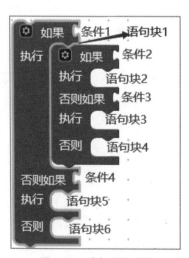

图 6.34   成绩等级判定的代码

6.5   选择结构嵌套

选择结构嵌套，即选择结构中还有选择结构，如图 6.35 所示。在外层当条件满足时，执行中的块又是图 6.32 所示的多分支选择结构，其流程图如图 6.36 所示。

选择结构嵌套

图 6.35   选择结构嵌套

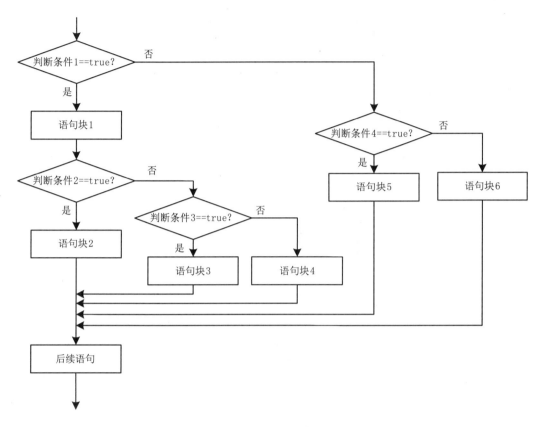

图 6.36　选择结构嵌套流程图

【**例 6.8**】　测试输入的数是偶数还是奇数，如果是偶数，接着测试该数的一半是否还是偶数。

分析：根据题目要求，首先对输入的数进行第 1 轮判断，如果是偶数，则输出为偶数，否则输出为奇数，因此采用双分支选择结构。如果是偶数，则需继续判断该数的一半是偶数还是奇数。因此，在"如果"模块中需要嵌套一个双分支选择结构，如图 6.37 所示。

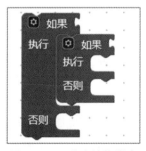

图 6.37　双分支结构嵌套

双分支结构嵌套是偶数还是奇数的代码如图 6.38 所示。

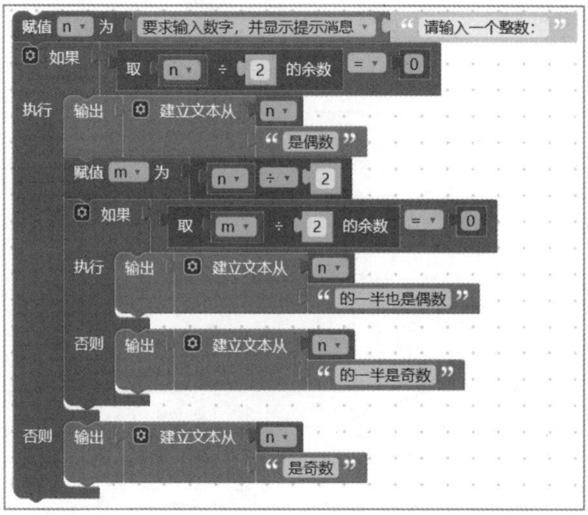

图 6.38　双分支结构嵌套是偶数还是奇数的代码

与 Blockly 中的选择块一样，人生道路上既存在"鱼与熊掌不可兼得"的情形，又存在多种可能供我们选择的情形，但不同的选择对应的结果大不相同。虽然人的一生不可能一帆风顺，但只要我们学会去做出对的选择，就会无怨无悔。明末清初理学家张履祥曾说过：书必择而读，人必择而交，言必择而听，路必择而蹈。其意思是，书必须在选择后读，朋友必须在选择后交，别人的话有选择地听，走路必须有选择地走。

作为社会主义的接班人、建设者，我们必须加强学习，培育和弘扬社会主义核心价值观，树立正确的人生观。

6.6　习题

1. 判断一个数是奇数还是偶数。

2. 求两个数中的最大值。

3. 判断四叶玫瑰数，四叶玫瑰数是指一个四位数，满足如下条件：假设该四位数记作 abcd，则 $abcd=a^4+b^4+c^4+d^4$。（1634 即为四叶玫瑰数。）

4. 给定一个整数，判断它能否被 3、5、7 整除，如果能同时整除，则输出"Yes"，否则输出"No"。

5. 出租车计价，长沙市目前出租车的计价规则如下：2 千米以内起步价是 6 元；超过 2 千米之后按 1.8 元/千米计价；超过 10 千米之后在 1.8 元/千米的基础上加价 50%。此外，停车等候则按时间计费：每 3 分钟加收 1 元（注：不满 3 分钟不计费）。本题输入数据为打车路程千米数和等待时间。请输出打车的总费用。

第7章 循环结构

7.1 重复次数循环

循环结构是指在程序中按照某种规律重复执行某一项功能的代码而设置的一种程序结构，能够让代码依据循环的条件反复地运行。

重复次数循环

7.1.1 Blockly 导入案例

乌龟（turtle）游戏：该游戏中需要乌龟完成一系列的图形绘制任务，如正方形、五边形、五角星等。

首先，体验乌龟游戏第 1 关，如图 7.1 所示。

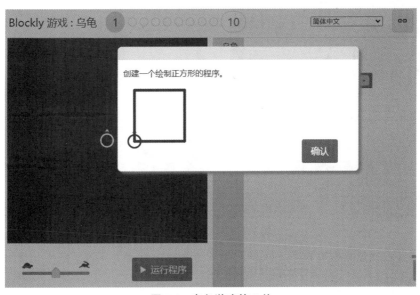

图 7.1 乌龟游戏第 1 关

乌龟游戏第 1 关任务：绘制正方形。

游戏解答：这里要用到一个新块"重复 4 次，执行……"，如图 7.2 所示。新块的含义为：重复 4 次执行模块中的块语句。

图 7.2　重复次数循环块

要完成第 1 关的任务：首先，要让乌龟向前移动 100，绘制正方形左边的边；其次，右转 90°，再向前移动 100，绘制正方形上边的边；然后，右转 90°，再向前移动 100，绘制正方形右边的边；最后，右转 90°，再向前移动 100，绘制正方形下面的边。我们可以发现其中的规律，程序反复执行"向前移动 100，右转 90°"两条语句，因此，可以用重复次数循环来实现。乌龟游戏第 1 关解答如图 7.3 所示。

图 7.3　乌龟游戏第 1 关解答

乌龟游戏第 2 关任务：绘制一个五边形，如图 7.4 所示。

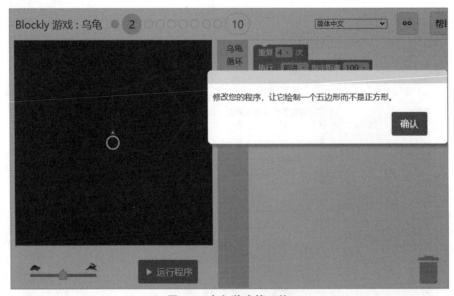

图 7.4　乌龟游戏第 2 关

游戏解答：这里只需要把第 1 关的代码的重复次数修改为 5 次，右转角度改为 72°即可，如图 7.5 所示。

图 7.5　乌龟游戏第 2 关解答

乌龟游戏第 3 关任务：绘制一个五角星，如图 7.6 所示。

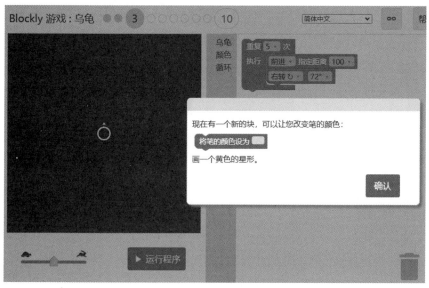

图 7.6　乌龟游戏第 3 关

游戏解答：这里只需要把第 2 关的代码的右转角度改为 144° 即可，如图 7.7 所示。

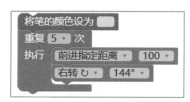

图 7.7　乌龟游戏第 3 关解答

乌龟游戏第 4 关任务：绘制一个五角星和一条线段，如图 7.8 所示。

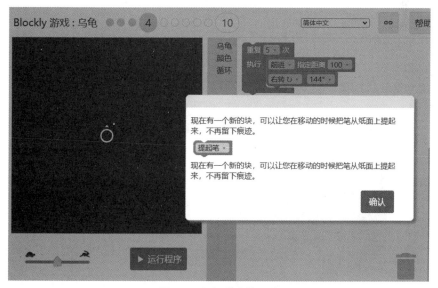

图 7.8　乌龟游戏第 4 关

游戏解答：本关需要用到新的模块"提起笔"和"落下笔"，如图 7.9 所示。

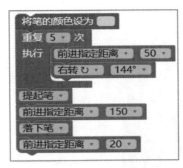

图 7.9　乌龟游戏第 4 关解答

7.1.2　重复次数循环

在一个循环结构程序中，当能够确定循环的次数时，可以使用重复次数模块来实现计数循环。可在模块中直接修改次数来设定重复执行的次数，模块与图 7.2 中的乌龟游戏类似，如图 7.10 所示。

图 7.10　重复次数循环

【例 7.1】　累加求和。输入 n，计算 1+2+…+n，输出其和。

分析：

输入：一个整数 n。

处理：完成求和任务，需要定义一个变量作为累加器，并将初值赋值为 0，再依次将其值加上 1，2，3，…，n，最终求出相加的和，这里的 1，2，3，…，n 可以用一个变量 i 让其从 1 开始，每次增加 1。

输出：和。

累加求和的代码如图 7.11 所示。

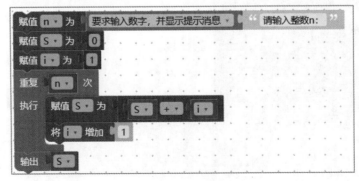

图 7.11　累加求和

7.2　步长循环

步长循环是使用灵活、功能很强的循环块，不仅可以用于循环次数确定的循环，也可以用于循环次数不确定且只给出循环结束条件的循环。步长循环的模块如图 7.12 所示。

步长循环

图 7.12　步长循环的模块

步长循环使用变量 i 作为循环控制变量，控制循环的执行次数，变量 i 的名字可以进行修改。执行流程为：i 的初值为"从"后面的数字（称为初始值），结束值为"数到"后面的数字（称为终值），"每次增加"后面的数字为步长，如果初始值小于终值，则每次是对 i 在上一次值的基础上加步长，如果初始值大于终值，则每次是对 i 在上一次值的基础上减去步长。因此，步长循环从初始值开始执行循环，当超过终值后结束循环。

【例 7.2】　累加求和。对例 7.1 改用步长循环实现。

步长循环求和的代码如图 7.13 所示，循环次数为 n 次，i 从 1 到 n，每次增加 1，S 加上 i，再赋值给 S 进行累计。

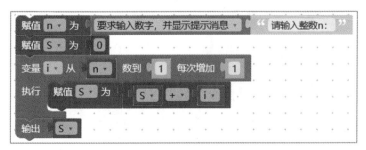

图 7.13　步长循环求和的代码 1

如果将 i 的初始值和终值交换，即 i 从 n 变到 1，i 每次执行减 1 操作，则步长循环求和的代码如图 7.14 所示。

图 7.14　步长循环求和的代码 2

【例 7.3】   偶数求和。对 1，2，3，…，n 中的所有偶数求和。

分析：与例 7.2 相比，此处求和不需要对所有的数求和，只要对偶数求和即可，因此这里只需将循环的初始值修改为从 2 开始、步长修改为 2 即可，偶数求和的代码如图 7.15 所示。

图 7.15   偶数求和的代码

7.3   条件循环

7.3.1   Blockly 导入案例

池塘教学（pond tutor）游戏：黄色的小鸭子通过不断地发炮弹去攻击红色的鸭子，当红色的鸭子血条减为 0 时，则玩家获胜。

池塘教学游戏第 1 关和第 2 关的任务：使用 "cannon" 命令来攻击目标。第一个参数是开炮角度，第二个参数是开炮距离。找到正确的组合，如图 7.16 所示。

条件循环

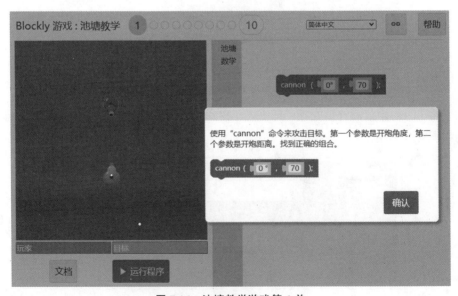

图 7.16   池塘教学游戏第 1 关

游戏解答：通过观察和测试，正确的组合角度为 90°，距离为 40，如图 7.17 所示。

图 7.17　池塘教学游戏第 1 关解答

第 2 关的任务与第 1 关的任务一样，只是将积木块代码改成了文本代码，正确的代码为 "cannon(180,50);"。

池塘教学游戏第 3 关：这个目标需要射击很多轮。使用 "while(true)" 循环块以便无限次射击，如图 7.18 所示。

图 7.18　池塘教学游戏第 3 关

游戏解答：如图 7.19 所示，小鸭子将不断地发炮弹去攻击红色的鸭子，当红色的鸭子血条减为 0 时，完成游戏任务。

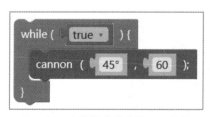

图 7.19　池塘教学游戏第 3 关解答

池塘教学游戏第 4 关任务：本关需要输入文本代码完成任务，如图 7.20 所示。

图 7.20　池塘教学游戏第 4 关

第 4 关通过的代码如下：

```
while(true)
{
  cannon(270,60);
}
```

池塘教学游戏第 5 关：本关因为这个对手会来回移动，使其很难被击中。"scan"表达式能返回在特定方向上目标的距离，如图 7.21 所示。

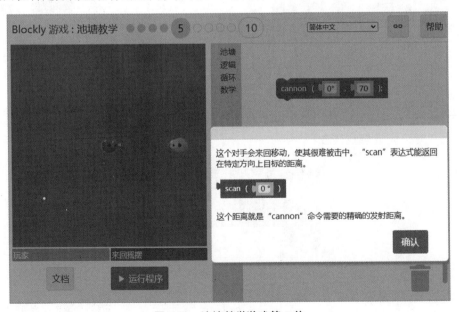

图 7.21　池塘教学游戏第 5 关

池塘教学游戏第 5 关解答如图 7.22 所示。

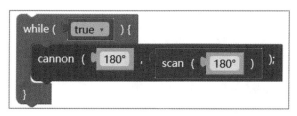

图 7.22　池塘教学游戏第 5 关解答

7.3.2　条件循环

条件循环块如图 7.23 所示。该循环首先进行条件表达式测试，当测试结果为真时，执行循环体内的语句块，然后再次进行条件表达式测试，如果为真，执行同样一组操作；重复以上操作，直到当条件表达式测试为假，跳出循环执行循环后面的语句块。

图 7.23　条件循环块

【例 7.4】　修改例 7.1，用条件循环计算 1+2+…+n 的和。

用条件循环实现累加求和的代码如图 7.24 所示。

图 7.24　用条件循环实现累加求和的代码

【例 7.5】　剥离数字。给定一个非负的整数，将其各个位上的数字从低位到高位依次输出，每个数字一行。

例如，输入是 123，则输出应该如下：

```
3
2
1
```

分析：剥离数字是程序实现的一个基本操作。简单来说，对 10 取余数就能拿到个位上的数字，然后将个位数字去掉，剩下的数再继续按前面的步骤操作，当这个剩下的数为 0 时，循环终止。用条件循环实现剥离数字的代码如图 7.25 所示。

图 7.25　用条件循环实现剥离数字的代码

7.4　直到型循环

7.4.1　Blockly 导入案例

　　迷宫（maze）游戏：体验第 3~5 关。让小黄人（pegman）到达指定目的地。迷宫游戏第 3 关如图 7.26 所示，限定只能用两个块。

直到型循环

图 7.26　迷宫游戏第 3 关

　　游戏解答：这里需要用到一个新的块"重复直到"块，如图 7.27 所示。

图 7.27　"重复直到"块

当循环条件（到达终点）为假时，重复执行循环体中的语句块；当循环条件为真时（到达终点），停止执行循环体中的语句块，循环结束。迷宫游戏第 3 关解答如图 7.28 所示。

图 7.28 迷宫游戏第 3 关解答

迷宫游戏第 4 关：小黄人行走的路径更加复杂，涉及直行和转弯，需在"重复直到"块中放置多个块，如图 7.29 所示。

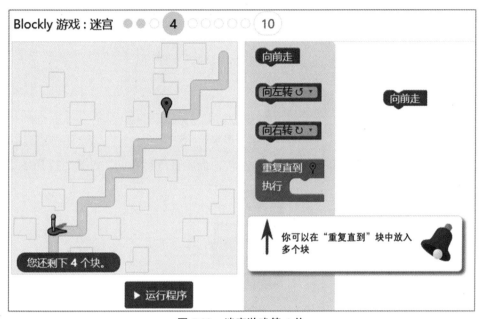

图 7.29 迷宫游戏第 4 关

游戏解答：观察小黄人行走路径的规律，重复多次"向前走，向左转，向前走，向右转"4 条指令，如图 7.30 所示。

图 7.30 迷宫游戏第 4 关解答

迷宫游戏第 5 关：小黄人行走的路径涉及直行、转弯和直行，最多可以使用 5 个块，如图 7.31 所示。

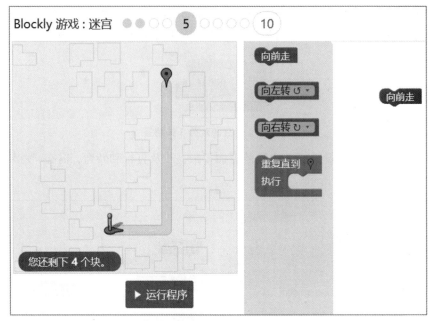

图 7.31　迷宫游戏第 5 关

游戏解答：小黄人先向前走 2 步，再向左转，最后直行到终点，如图 7.32 所示。

图 7.32　迷宫游戏第 5 关解答

7.4.2　直到型循环

Blockly 中，直到型循环块如图 7.33 所示，通过在条件循环中选择"重复直到条件满足"进行切换。该循环首先进行条件表达式测试，当测试结果为假时，执行循环体内的语句块，然后再次进行条件表达式测试，如果为假，则继续执行同样一组操作；重复以上操作，直到当条件表达式测试为真，才跳出循环执行循环后面的语句块。

图 7.33　直到型循环块

【例 7.6】　修改例 7.1，用直到型循环计算 1+2+⋯+n 的和。

分析：直到型循环执行的条件正好与条件循环的条件相反，即不满足条件执行循环，满足条件退出循环，因此将条件改成"i>n"即可。用直到型循环实现累加求和的代码如图 7.34 所示。

图 7.34 用直到型循环实现累加求和的代码

7.5 中断与继续

7.5.1 中断循环

跳出循环块用来跳出当前层的循环，脱离该循环后，程序从循环代码后续模块继续执行，该块只能用在循环内。跳出循环块如图 7.35 所示。

图 7.35 跳出循环块

跳出循环块适用于不知道循环次数，在程序执行过程中满足一定条件时，需要提前结束循环的情况。

【例 7.7】 求两个正整数 a 和 b 的最大公约数。

所谓 a 和 b 的最大公约数，就是既是 a 的因子，又是 b 的因子，而且是所有满足该条件的数中最大的。

例如：12 和 8 的公因子有 1/2/4，因此 4 是 12 和 8 的最大公约数。

分析：要求 a 和 b 的最大公约数，可以先求出 a、b 中小的数，记为 i，然后让 a、b 同时去整除 i，如果余数都为 0，i 即为最大公约数，否则，让 i 减少 1，继续去整除求余，直到同时被整除，因此，可以采用步长循环和跳出循环来完成该功能。求最大公约数的代码如图 7.36 所示。

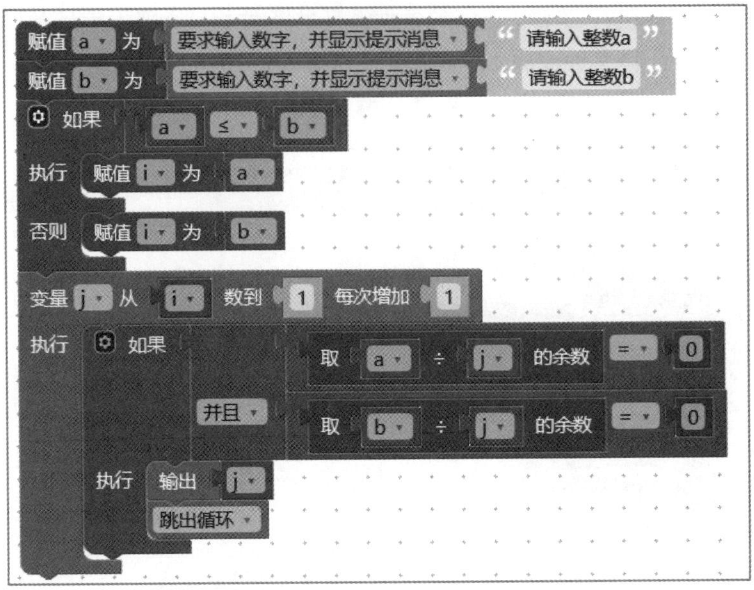

图 7.36   求最大公约数的代码

求最大公约数还有一种方法为欧几里得算法,又称辗转相除法。古希腊数学家欧几里得在其著作《The Elements》中描述了这种算法,所以该算法被命名为欧几里得算法。其中,扩展欧几里得算法可用于 RSA 加密等领域。

假如要求 1997 和 615 两个正整数的最大公约数,采用欧几里得算法,过程如下。

$1997 \div 615 = 3(余\ 152)$

$615 \div 152 = 4(余\ 7)$

$152 \div 7 = 21(余\ 5)$

$7 \div 5 = 1(余\ 2)$

$5 \div 2 = 2(余\ 1)$

$2 \div 1 = 2(余\ 0)$

至此,最大公约数为 1。

用除数和余数反复做除法运算,当余数为 0 时,取当前算式除数为最大公约数,所以就得出了 1997 和 615 的最大公约数为 1。

具体计算方法如下。

(1)令 r 为 a/b 所得的余数($0 \leqslant r$),

若 r=0,算法结束;b 即为答案。

(2)若 r≠0,互换:置 a←b,b←r,并返回第(1)步。

欧几里得算法的代码如图 7.37 所示。

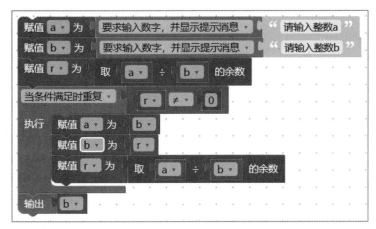

图 7.37　欧几里得算法的代码

7.5.2　继续下一轮循环

　　"继续下一轮循环"用来结束当前当次循环，即跳出循环体中下面尚未执行的语句块，提前进入下一轮循环，但不跳出当前循环，其语句块如图 7.38 所示。

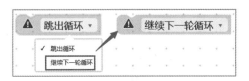

图 7.38　"继续下一轮循环"块

【例 7.8】　求 1 到 10000 中能被 2 整除但不能被 3 整除的数之和。

　　分析：本题可以使用步长循环，让 i 从 1 加到 n，例 7.8 求和代码如图 7.39 所示。

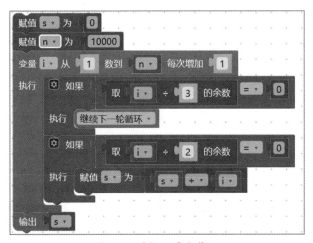

图 7.39　例 7.8 求和代码

　　程序执行过程中，如果 i 除以 3 的余数为 0，则继续下一轮循环，跳过后面的 i 除以 2 的判断。

7.6　循环嵌套

循环结构中，一个循环体内又包含另一个完整的循环结构，称为循环嵌套。内嵌的循环中还可以再嵌套循环，这就形成了多层循环嵌套。

循环嵌套

7.6.1　Blockly 导入案例

体验乌龟（turtle）游戏的第 5 关到第 9 关，游戏中涉及重复次数循环的嵌套。乌龟游戏第 5 关如图 7.40 所示。

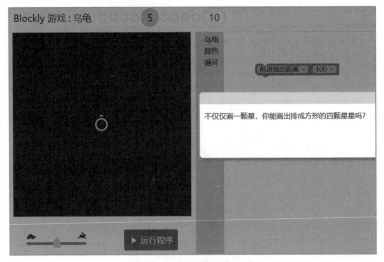

图 7.40　乌龟游戏第 5 关

游戏解答：本关要求绘制 4 颗五角星，绘制完 1 颗五角星后，要让小乌龟提起笔，移动一定距离后，再绘制下一颗五角星。因此，外层循环重复 4 次，内层循环为绘制 1 颗五角星，如图 7.41 所示。运行程序可以看到外层循环和内层循环的执行过程，先外层循环，然后进入内层循环，绘制完 1 颗五角星后，退出内层循环，继续执行内层循环后面的语句块，执行完成后，继续执行下一次外层循环，再进入内层循环，如此继续。

图 7.41　乌龟游戏第 5 关解答

乌龟游戏的第 6 关到第 9 关为重复次数循环的嵌套，这里仅给出解答，如图 7.42 到图 7.45 所示。

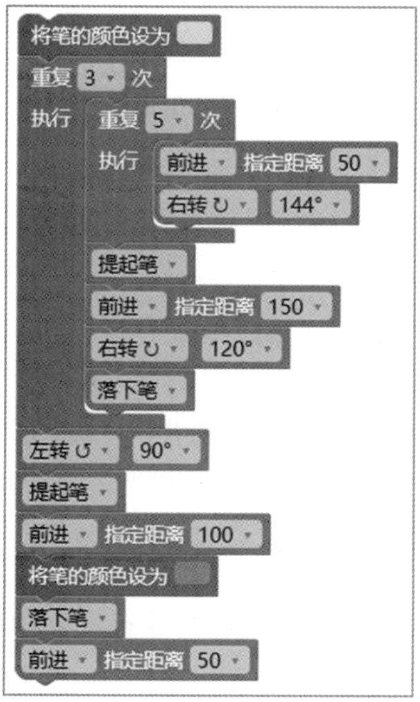

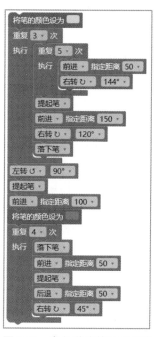

图 7.42 乌龟游戏第 6 关解答

图 7.43 乌龟游戏第 7 关解答

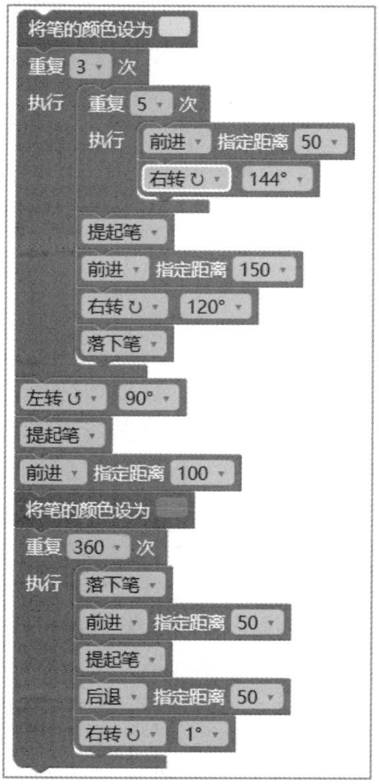

图 7.44 乌龟游戏第 8 关解答

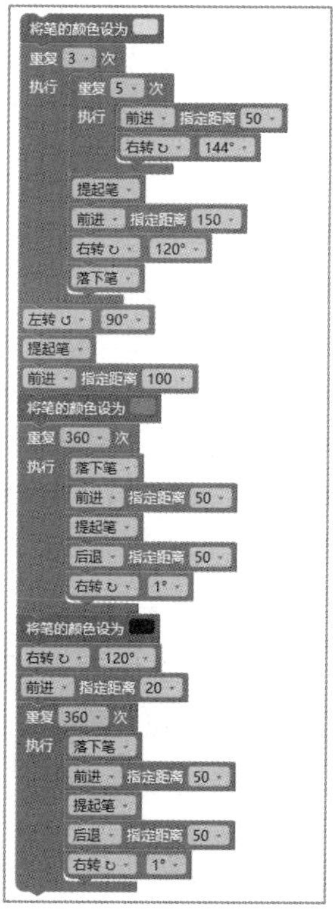

图 7.45 乌龟游戏第 9 关解答

乌龟游戏的第 10 关是画廊创作区，用户可以随意创造自己的作品并提交至画廊，也可以查看其他人提交至画廊的作品，并打开其源代码。

7.6.2   循环嵌套

通过上面的游戏，我们已经初步认识了循环嵌套，不仅重复次数循环可以嵌套，步长循环、条件循环、直到型循环，以及后面要学习的列表循环也可以嵌套，而且可以混合进行嵌套，如条件循环中嵌套重复次数循环。

当有两个循环语句嵌套时，执行顺序如下。

（1）判断外层循环条件，若满足条件，则进入外层循环体。

（2）在进入外层循环体后，若再次遇到循环语句块，则进行内层循环条件判断，若符合判断条件，则进入内层循环体执行内层循环。

（3）执行完第一次内层循环体操作后，再次判断内层循环条件，若满足条件，则继续执行内层循环体语句块，直到不满足后进入内层循环体条件，从而退出。

（4）继续执行外层循环体语句块。

后面继续按照第（2）步到第（4）步执行。

（5）若外层循环条件也不满足，则彻底退出嵌套循环操作，执行外层循环后面的语句块。

外层循环是先开始后结束，只执行一个完整的循环；内层循环比外层循环后开始但先结束运行，它可以重复运行。内层循环变化快，每次外层循环都会完成一个完整的内层循环。外层循环的变化慢。外层循环和内层循环的运行类似时钟的分针和秒针的运转。

【例 7.9】   打印如图 7.46 所示的九九乘法口诀表。

```
1x1=1
1x2=2   2x2=4
1x3=3   2x3=6   3x3=9
1x4=4   2x4=8   3x4=12   4x4=16
1x5=5   2x5=10  3x5=15   4x5=20   5x5=25
1x6=6   2x6=12  3x6=18   4x6=24   5x6=30   6x6=36
1x7=7   2x7=14  3x7=21   4x7=28   5x7=35   6x7=42   7x7=49
1x8=8   2x8=16  3x8=24   4x8=32   5x8=40   6x8=48   7x8=56   8x8=64
1x9=9   2x9=18  3x9=27   4x9=36   5x9=45   6x9=54   7x9=63   8x9=72   9x9=81
```

图 7.46   九九乘法口诀表

分析：从图 7.46 中可以看到，乘法口诀表有 9 行（第 1 行，第 2 行，第 3 行，…，第 9 行），非常有规律，可以用步长循环来表达，即变量 i 从 1 数到 9，每次增加 1。

从图 7.46 中可以看到，第 1 行有 1 个算式，第 2 行有 2 个算式，第 3 行有 3 个算式，…，第 9 行有 9 个算式。

通过对比可以得到结论，算式的个数和行数相同，也是有规律的，可以用内层循环来表达，即变量 j 从 1 数到 i，每次增加 1。

九九乘法口诀表的代码如图 7.47 所示。

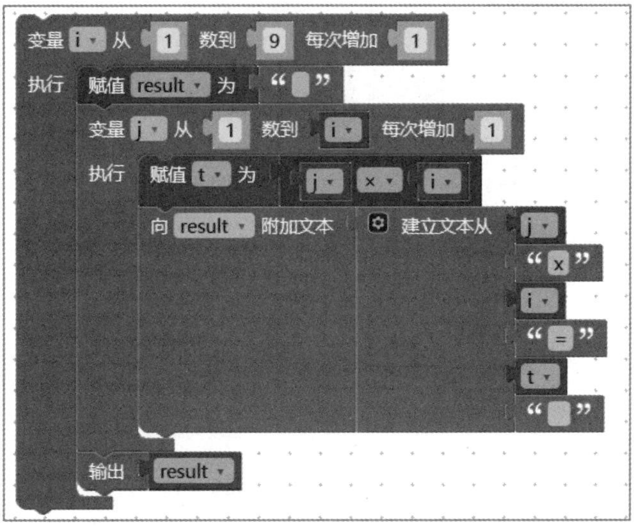

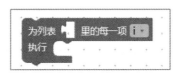

图 7.47　九九乘法口诀表的代码

例 7.9 用了一个新的块"向 result 附加文本"，该语句块在"文本"模块内，其作用是在 result 后追加文本。

7.7　列表循环

列表（list）是元素按一定顺序排列的集合，有关列表的知识将在第 9.1 节详细介绍。列表循环块是对列表中每一个元素进行循环迭代的块，如图 7.48 所示。

列表循环

图 7.48　列表循环块

建立列表后，可以通过元素在列表中的位置获取对应的值。

列表循环块中的 i 代表的是列表中的每一个元素。

【例 7.10】　对列表中的元素求和。

如图 7.49 所示，先建立一个列表，并赋值给变量 list1，然后用列表循环对 list1 中的元素求和，最后输出和，结果为 352。

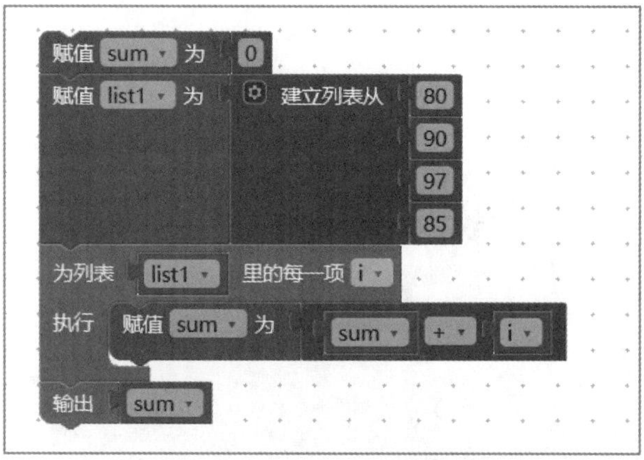

图 7.49   对列表中的元素求和

7.8   循环的应用

【例 7.11】   求 Fibonacci 数列 1，1，2，3，5，8，……的第 n 个数。

分析：数列的特征，第 1、2 个位置上的数都为 1，从第 3 个位置开始，第 i 个位置上的数等于前两个数之和。

可以采用循环和滚动变量求和，求 Fibonacci 数列的代码如图 7.50 所示。

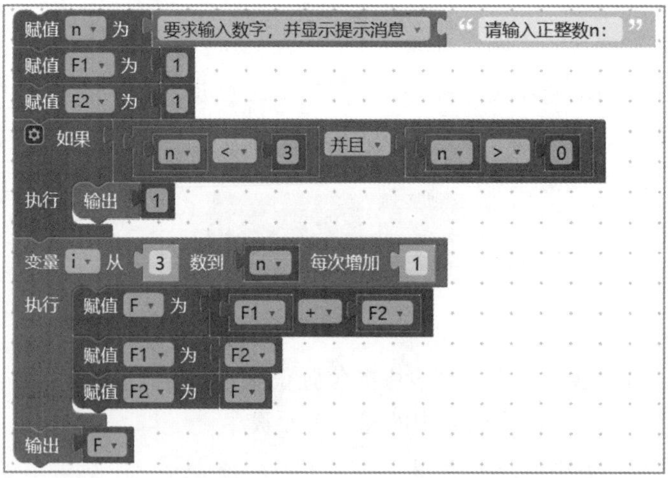

循环的应用

图 7.50   Fibonacci 数列的代码

当 n 大于 3 的时候，将 F1+F2 的和赋值给 F，然后将 F2 的值赋值给 F1，最后将 F 的值赋值给 F1，可让 F1、F2、F 的值滚动起来，下一轮循环同样按此方法操作。这里借助 F、F1、F2 三个变量求得 Fibonacci 数列的第 n 项的方法即为滚动变量求和。

【例 7.12】　判断一个数是否为素数。

分析：素数，一个大于 1 的数，除了它自身和 1 以外，不能被其他任何正整数所整除的整数。

判别某数 n 是否为素数，最简单的方法是用 i=2，3，…，n-1 逐个除，只要能有一个数整除，n 就不是素数，可以用"跳出循环"块提前结束循环；若都不能整除，则 n 是素数。判断素数的代码如图 7.51 所示。

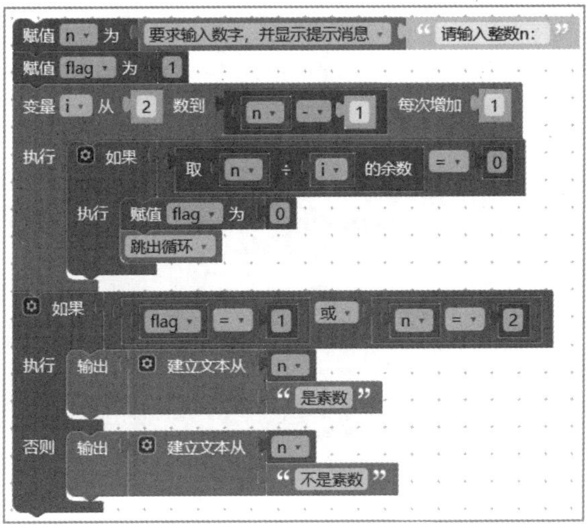

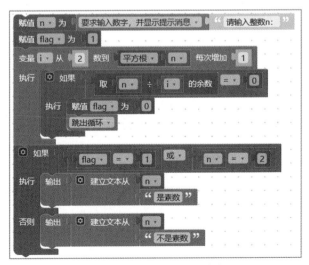

图 7.51　判断素数的代码

上面的方法虽然可以判断 n 是不是素数，但是效率不高。下面继续考虑，如果 n 不是素数，则必然能被分解为两个因子 a 和 b，并且其中之一必然小于等于 $\sqrt{n}$，另一个必然大于等于 $\sqrt{n}$。因此，要判断 n 是否为素数，可简化为判断它能否被 2 至 $\sqrt{n}$ 之间的数整除即可。因为若 n 不能被 2 至 $\sqrt{n}$ 之间的数整除，则必然也不能被 $\sqrt{n}$ 至 n-1 之间的数整除。改进后的代码如图 7.52 所示。

图 7.52　判断素数改进后的代码

平方根块在数学块中，也可以写成"i x i ≤ n"。

【例 7.13】 不定方程求解。给定正整数 a、b、c，求不定方程 ax+by=c 关于未知数 x 和 y 的所有非负整数解组数。

分析：问题要求关于未知数 x 和 y 的所有非负整数解，可以采用枚举的方法。x 最大可以取值 c/a，即当 y=0 的时候。y 最大可以取值 c/b，即当 x=0 的时候。因此，x 的取值范围为 0 到 c/a，y 的取值范围为 0 到 c/b。不定方程求解的代码如图 7.53 所示。

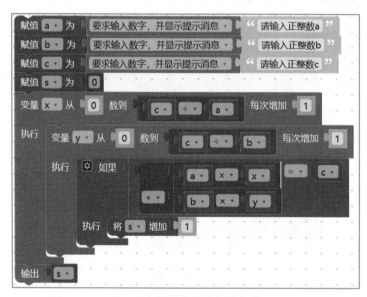

图 7.53　不定方程求解的代码

7.9　习题

1. 从键盘输入 10 个整数，对其求和并输出结果。

2. 从键盘输入整数 n，求 n 的阶乘并输出结果。

3. 输出 100~999 的所有水仙花数。水仙花数是指一个三位数，它的每个位上的数字的 3 次幂之和等于它本身（例如，$1^3+5^3+3^3=153$）。

4. 哥德巴赫猜想。给定一个正的偶数，将其分解为两个质数（又称素数）的和。按从小到大输出这两个质数，中间用一个空格分隔。

如果有多种可能性，那么输出差别尽可能大的答案。例如，若输入 6，输出应该是：3 3。若输入 10，那么"3 7"与"5 5"均可，但前者的两个质数差别更大，因此答案应该是：3 7。

第8章 函数程序设计

8.1 Blockly 导入案例

音乐（music）游戏：按照要求组合出相应的乐曲。

首先，体验音乐游戏第 1 关，如图 8.1 所示。

函数–导入案例–
音乐游戏

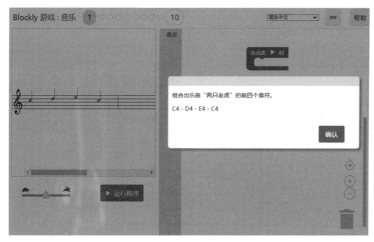

图 8.1 音乐游戏第 1 关

音乐游戏第 1 关答案如图 8.2 所示。点击运行程序的时候，依次播放"C4-D4-E4-C4"四个音符。打开音响，你可以听见演奏的音乐。

图 8.2 音乐游戏第 1 关答案

音乐游戏第 2 关：创建一个函数来演奏乐曲《两只老虎》的前四个音符。要求运行这个函数两遍，不要增加新的音符块，如图 8.3 所示。

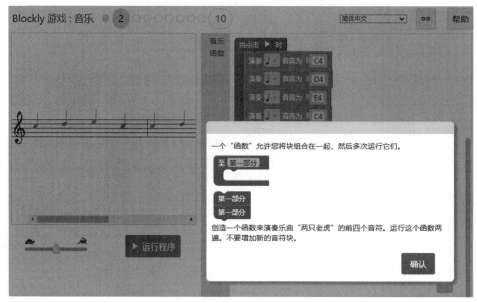

图 8.3   音乐游戏第 2 关

游戏解答：音乐游戏第 2 关用到了函数的功能，函数是存放在某个名称之下的一系列块的组合或代码。函数可以多次被调用，减少了代码的重复。本关需添加"至做点什么"块，修改名称为"至播放音符"，然后把第 1 关中的 4 个演奏块拖到"至播放音符"里，在"当点击▶时"中调用 2 次播放音符函数，如图 8.4 所示。

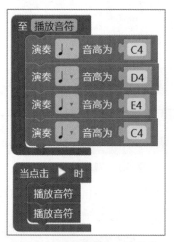

图 8.4   音乐游戏第 2 关答案

音乐游戏第 3 关：为乐曲《两只老虎》的下一部分创建第二个函数。最后一个音符会更长一点，如图 8.5 所示。

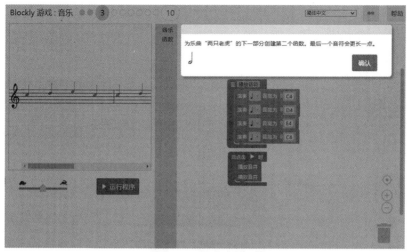

图 8.5　音乐游戏第 3 关

游戏解答：本关需要增加一个新的函数来播放后面的音符，如图 8.6 所示。

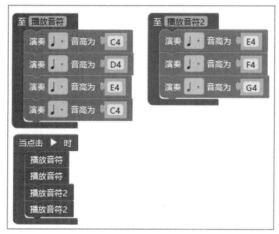

图 8.6　音乐游戏第 3 关答案

音乐游戏的第 4 关和第 5 关：继续完成《两只老虎》的音乐。读者可以自行体验。

8.2　函数

函数是存放在某个名称之下的一系列块的组合或代码，这个名称就是你所创建的函数块的名称。在计算机科学中，也称函数为方法。

在开发中，如果需要反复使用同一个块集合，此时可以通过定义函数来减少代码冗余。

函数可以有返回值，也可以没有。

函数的定义和使用

一个函数可以没有或者有多个参数。

一般来说，一个函数完成一项功能，如交换两个数、计算闰年、排序，判断一个数是否为素数等，不要把多个功能的实现放在一个函数中。

当解决复杂问题的时候，往往是把问题分解成多个小问题来解决，一个小问题通过一个函数来实现其功能。

函数可以被多次调用，函数需要修改的时候，只要修改定义函数的地方，因此提高了程序的可维护性。

函数块如图 8.7 所示。

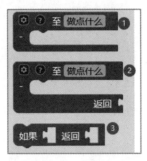

图 8.7　函数块

图 8.7 中"做点什么"即为函数名称，读者可以自己修改，命名按照见名知义的原则。

8.2.1　无参数无返回值函数

无参数无返回值函数可使用图 8.7 中的第一个模块。

【例 8.1】　使用函数打印 1，2，…，10 共 10 个数。

分析：此处打印 1 到 10 共 10 个数，不需要给函数传递参数，代码如图 8.8 所示。

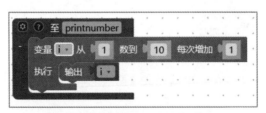

图 8.8　无参数无返回值函数的代码

图 8.8 中只是定义好了函数"printnumber"，此时函数并不能运行。创建函数之后，在函数模块中的最下面会多出一个模块"printnumber"，如图 8.9 所示。只有在代码工作区调用这个块后，函数才会运行。

图 8.9　函数调用块

例 8.1 的完整代码如图 8.10 所示。

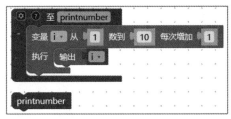

图 8.10　例 8.1 的完整代码

8.2.2　带参数函数

在带参数的函数中，函数的参数分为形参和实参两种。

形参出现在函数定义中，在整个函数体内都可以使用，离开该函数则不能使用。

实参出现在主调函数中，形参和实参的功能是用作数据传送。当发生函数调用时，主调函数将实参的值传送给被调函数的形参，从而实现主调函数向被调函数的数据传送。函数中，形参的值的改变不会影响实参的值。

函数调用时，默认按位置顺序将实参逐个传递给形参，即在调用时，传递的实参与函数定义时确定的形参在顺序、个数上要一致，否则调用会出错。

函数的参数在无返回值函数和带返回值函数中均可添加，可以添加一个参数，也可以添加多个参数，图 8.11 所示为在无返回值函数中添加参数。

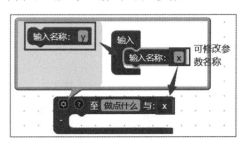

图 8.11　为无返回值函数添加参数

【例 8.2】　用函数打印 1，2，…，n 共 n 个数，其中 n 通过键盘输入。

分析：本例与例 8.1 不同的地方是在打印函数中增加了参数 m，m 的值通过在函数调用的时候传入。带参数的无返回值函数的代码如图 8.12 所示。

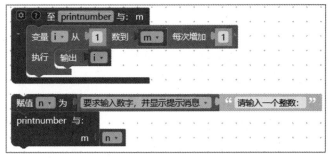

图 8.12　带参数的无返回值函数的代码

【例 8.3】   编写函数，判断输入年份是否为闰年。

分析：计算闰年的方法请参考例 6.5，下面改为用函数实现。闰年函数的代码如图 8.13 所示。

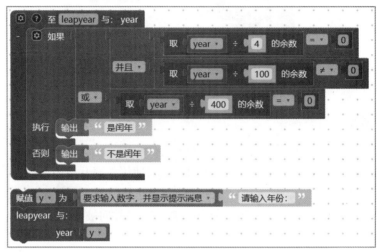

图 8.13   闰年函数的代码

8.2.3   带返回值函数

带返回值的函数是图 8.7 中的第二个块。在带返回值的函数中也可以添加参数。

【例 8.4】   编写函数，修改例 8.3 中判断闰年的函数，如果是闰年，则返回 1，否则返回 0。

带返回值闰年函数修改后的代码如图 8.14 所示。

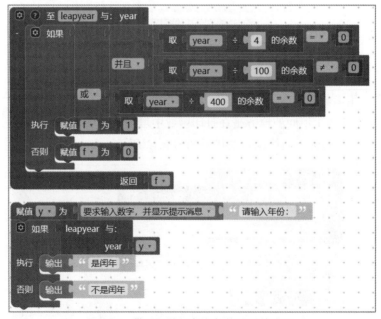

图 8.14   带返回值闰年函数修改后的代码

8.2.4　如果……返回……

"如果……返回……"是图 8.7 中的第三个块。如果条件为真，则返回"返回"后面的值，该模块只能在带返回值的函数中使用。

【例 8.5】　用"如果……返回……"修改例 8.4 中判断闰年的函数。

"如果……返回……"块的代码如图 8.15 所示。在"如果……返回……"块中，"如果"块后面是判断闰年的条件，如果条件的值为真，则返回值为后面的"是闰年"，否则返回的是函数块中的返回值"不是闰年"。

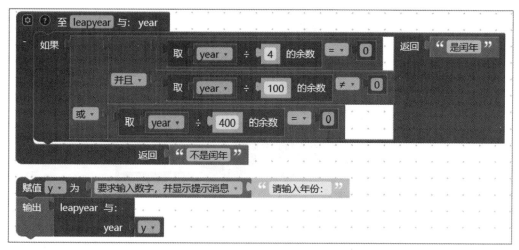

图 8.15　"如果……返回……"块的代码

8.2.4　递归函数

函数调用的过程中，如果函数又直接或间接地调用函数自己本身，则称为递归调用。其中：直接调用自己称为直接递归调用；而通过调用别的函数，再间接调用自己称为间接递归调用。

图 8.16 所示为求阶乘的递归函数。

递归函数

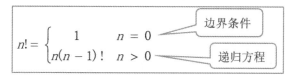

图 8.16　求阶乘的递归函数

求阶乘中，当 n=0 的时候，n!=1，称为边界条件，n!=n(n-1)!称为递归方程。递归函数只有具备了这两个要素，才能在有限次计算后得出结果。

【例 8.6】　用非递归和递归的方式计算阶乘。

图 8.17 所示为非递归函数计算阶乘。

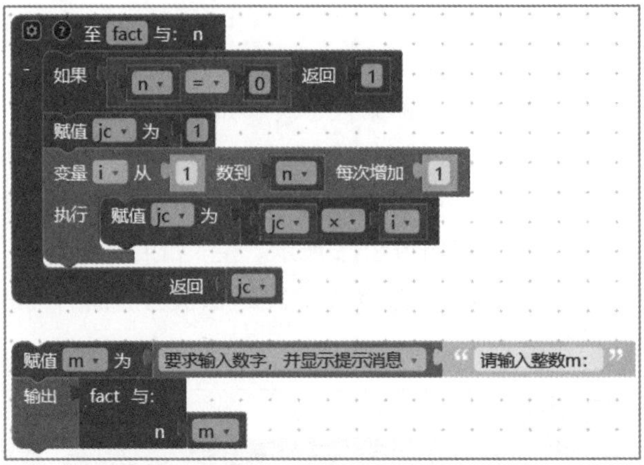

图 8.17   非递归函数计算阶乘

图 8.18 所示为递归函数计算阶乘。

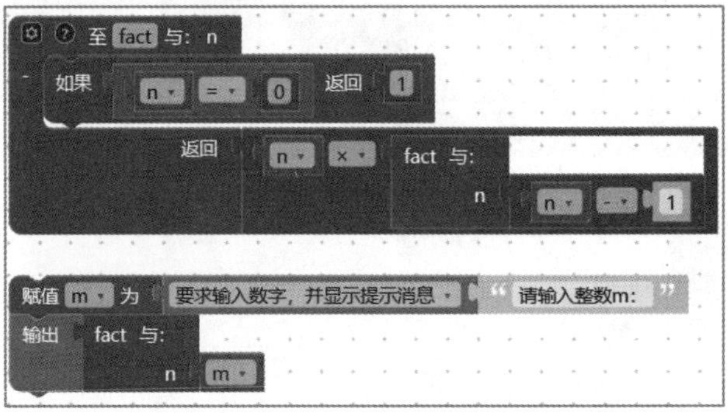

图 8.18   递归函数计算阶乘

　　函数体现了分而治之的思想，讲究的是分工合作。在程序中，一个函数实现一项小的功能，多个小的函数联合起来实现一项或多项复杂的功能。同理，在我们的学习、生活中，同学之间要相互帮助、各取所长、各司其职、团结协作。现代社会，随着生产力的不断发展，社会分工越来越细，劳动形态日益复杂。一个人很难成事，一项工作需要多个部门和多个员工合作完成，一个产品需要多家企业分工合作制造，团队的精诚合作越来越重要。如美国波音公司的 747 型客机由 13.25 万个主要零部件组成，这些零部件由全世界的 545 家供应商生产。

8.3   断言

　　"断言"块在逻辑模块中，如图 8.19 所示。
　　"断言"执行过程：检查"断言"里的条件表达式，如果条件为真，则返回"如果为真"后表达式的值，否则返回"如果为假"后表达式的值。

断言

图 8.19　"断言"块

【例 8.7】　断言示例。如图 8.20 所示，当用户输入的成绩在 0 到 100 之间的时候输出用户输入的分数，当用户输入的成绩小于 0 或者大于 100 的时候输出"您输入的分数超过了范围"。

图 8.20　断言示例

8.4　数学函数

数学函数

Blockly 中提供了丰富的数学函数，如图 8.21 所示。

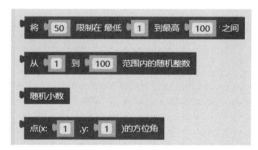

图 8.21　数学函数

1. 基本算术函数

基本算术函数有 7 个，如图 8.22 所示。

图 8.22　基本算术函数

平方根：返回一个数的平方根。

绝对值：返回一个数的绝对值。

-：返回一个数的相反数。

ln：返回一个数的自然对数（以常数 e 为底数的对数）。

log10：返回一个以 10 为底的对数。

e^：返回一个数的 e 次幂。

10^：返回一个数的 10 次幂。

【例 8.8】　算术函数示例，如图 8.23 所示。

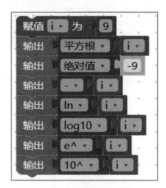

图 8.23　算术函数使用

2. 三角函数

三角函数共有 6 个，如图 8.24 所示。

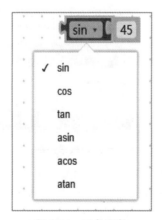

图 8.24　三角函数

sin 函数：返回指定角度的正弦值（非弧度）。

cos 函数：返回指定角度的余弦值（非弧度）。

tan 函数：返回指定角度的正切值（非弧度）。

asin 函数：定义域为[-1，1]，值域为[-90，90]。

acos 函数：定义域为[-1，1]，值域为[0，180]。

atan 函数：定义域为 R，值域为（-90，90）。

【例 8.9】　三角函数示例，如图 8.25 所示。

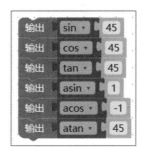

图 8.25　三角函数示例

3. 常数

返回几个常见的量，如图 8.26 所示。

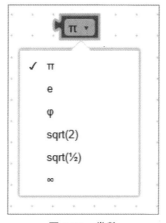

图 8.26　常数

【例 8.10】　常数值的输出示例，如图 8.27 所示。

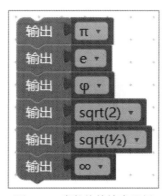

图 8.27　常数值的输出示例

4. 数的性质

判断一个数是否为偶数、奇数、质数、自然数、正数、负数，或者能否被某数整除，返回真或假，如图 8.28 所示。

图 8.28　数的性质

其中"可被整除"用来判断一个数是否能被另外一个数整除，如图 8.29 所示，第一个数是被除数，第二个数是除数。

图 8.29　可被整除块

5. 四舍五入

"四舍五入"块包括四舍五入、向上舍入和向下舍入三个模块，如图 8.30 所示。

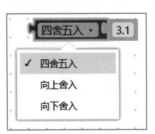

图 8.30　"四舍五入"块

【例 8.11】　四舍五入的使用，如图 8.31 所示。

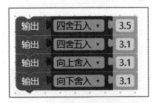

图 8.31　四舍五入的使用

运行图 8.31 中的代码，输出结果为：4，3，4，3。

6. 列表计算

列表计算相关函数是针对数据结构"列表"的计算函数，列表将在第 9 章介绍。列表函数如图 8.32 所示。

图 8.32　列表函数

列表中数值的和：返回列表中所有数的和。

列表最小值：返回列表中的最小值。

列表最大值：返回列表中的最大值。

列表平均值：返回列表中所有数的平均值。

列表中位数：返回列表中数值的中位数（是按顺序排列的一组数据中居于中间位置的数）。

列表中的众数：返回列表中出现次数最多的项，如果出现最多的项有多个一样，则都返回。

列表的标准差：返回列表的标准差。

标准差公式

$$\sigma = \sqrt{\frac{1}{N}\sum_{i=1}^{N}(x_i-\mu)^2}$$

公式描述：　公式中数值X1，X2，X3，……XN(皆为实数)，其平均值(算术平均值)为μ，标准差为σ。

列表随机项：从列表中返回一个随机元素。

【例 8.12】　列表函数的使用，如图 8.33 所示。

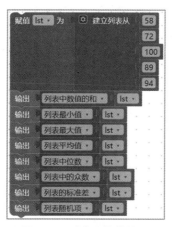

图 8.33　列表函数的使用

7. 限制取值

"限制取值"范围块如图 8.34 所示。

图 8.34 "限制取值"范围块

将一个数值限制在两个指定的数值范围（含边界）之间，如果超过其边界，则返回最接近的边界值。

【例 8.13】 "限制取值"范围块的使用，如图 8.35 所示。

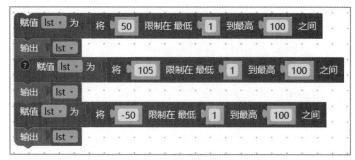

图 8.35 "限制取值"范围块的使用

运行图 8.35 中的代码，输出结果为：50，100，1。

8. 随机值

随机值函数包括随机整数和随机小数。

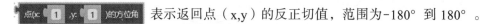 表示返回一个限制在两个指定的数值范围（含边界）之间的随机整数。

随机小数 表示返回一个介于 0.0~1.0 之间（含边界）的随机小数。

9. 方位角

点(x: 1 ,y: 1)的方位角 表示返回点（x,y）的反正切值，范围为-180° 到 180° 。

8.5 习题

1. 判断整数 n 是否为素数，要求用函数实现。
2. 编写判断一个数是否为水仙花数的函数，然后求出 100~999 的水仙花数。
3. 从键盘输入 x，计算下面函数 y 的值并输出。

$$y=\sin x+e^x+\log_{10} x$$

4. 用递归函数实现辗转相除法。

第9章 数据结构

9.1 列表

列表是一个可以存放多个元素的集合，它相当于其他编程语言的数组。在内存中，列表中的元素是按先后顺序连续存放的。列表的值通过列表名称及其索引值引用。

列表可以是一维、二维和多维。Blockly 中，列表中的元素类型可以不一致，但建议同一列表中存放同一类型的数据。

列表主要包括创建、查找、修改、删除、排序等功能，如图 9.1 所示。

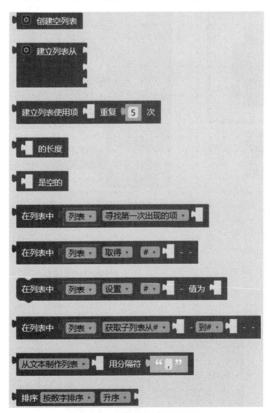

图 9.1 Blockly 中的列表块

9.1.1　创建列表

创建列表有三种方法，如图 9.2 所示。

创建列表和一维
列表

图 9.2　创建列表方法

（1）创建一个空列表。

（2）创建一个具有任意项的列表。

（3）创建由同一元素组成的列表。

创建列表的时候，可以自己增加列表的项目，如图 9.3 所示。

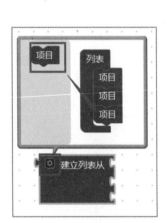

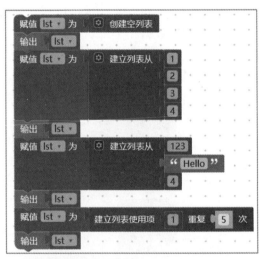

图 9.3　增加列表项目

9.1.2　一维列表

一维列表里每个项中只有一个元素，图 9.4 所示为创建的一个一维列表。Blockly 创建的一维列表如表 9.1 所示，其索引从 1 开始。

图 9.4　一维列表

表 9.1　一维列表

索引	1	2	3	4	5
列表项	瞿德华	刘华	王中	谭谈	张小五

列表中的项可以通过其索引进行访问。访问列表中的项要使用"在列表中……取得#……"块，如图 9.5 所示，功能为输出列表中索引为 1 的项，即"瞿德华"。遍历列表中的全部元素，可以通过步长循环或列表循环实现。

图 9.5　访问列表中的元素

"在列表中……取得#……"块下面有五个选项，如图 9.6 所示。

图 9.6　访问列表元素块

#：返回在列表中指定位置的项，#1 是第一项。

倒数第#：返回在列表中指定位置的项，#1 是最后一项，即从最后一个位置往前算。

第一个：返回列表中的第一项。

最后一个：返回列表中的最后一项。

随机的：返回列表中的随机一项。

【例 9.1】　求平均成绩，用列表存放张三的 9 门课（89，90，99，91，93，97，84，96，82）成绩，然后输出其成绩和平均分。

分析：本题需要存放张三的 9 门课成绩，因此需要定义一个列表，用列表存放成绩数据。然后使用步长循环，每次从列表中取出 1 项（1 门课的成绩）进行累加求和，并输出 1 门课的成绩，最后求出平均成绩并输出。求平均成绩的代码如图 9.7 所示。

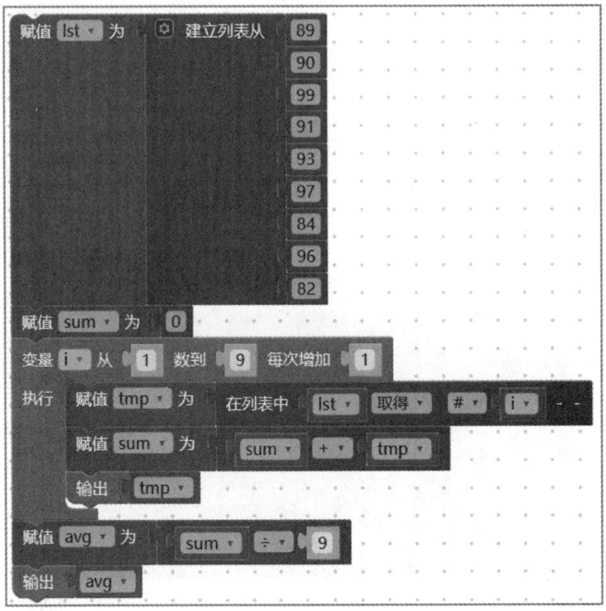

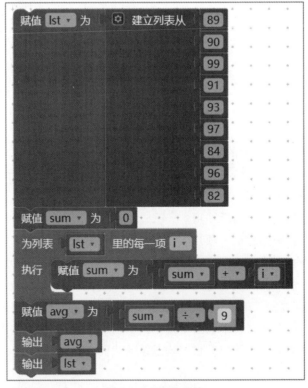

图 9.7   求平均成绩的代码

本题除了使用步长循环，通过索引取得列表中的每一项，还可以通过列表循环取得列表中的每一项和进行累加求和。输出列表中的成绩也可以在输出块后直接连接列表变量，并输出列表中的所有项，如图 9.8 所示。

图 9.8   求平均成绩

9.1.3 二维列表

二维列表

二维列表里每个项目中的项目又是一个列表，即列表是一个二维表格，包含行和列。

Blockly 创建的二维列表如图 9.9 所示，其行和列的索引均从 1 开始，如表 9.2 所示。

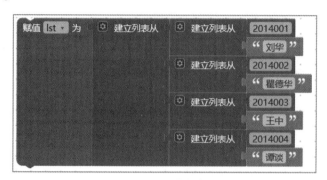

图 9.9 二维列表

表 9.2 二维列表

索引	1	2
1	2014001	刘华
2	2014002	瞿德华
3	2014003	王中
4	2014004	谭谈

访问二维列表中元素的方法与一维列表的类似，要用到"在列表中……取得#……"块，使用一次得到的是二维列表中一行的数据，如果需要得到具体某一行某一列的数据，则还需使用一次该块，如图 9.10 所示。

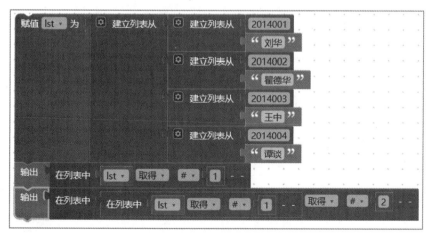

图 9.10 访问二维列表

第一次从列表中取得的是第一行的内容，即一个一维列表，结果为：2014001，刘华。

　　第二次从列表中先取得第一行的数据，然后从第一行中取得第二列的内容，结果为：刘华。

　　图 9.11 为通过两层步长循环遍历二维列表中的元素。图 9.12 为通过两层列表循环遍历二维列表中的元素。

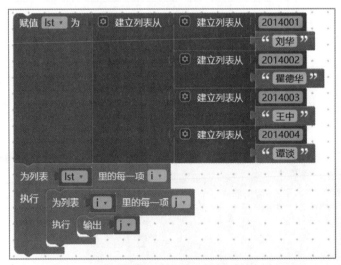

图 9.11　通过两层步长循环遍历二维列表中的元素

图 9.12　通过两层列表循环遍历二维列表中的元素

9.1.4　列表函数

1. 移除列表项

移除列表项有两种方法：取得并移除和移除，如图 9.13 所示。

取得并移除：移除并返回列表中指定位置的项，#1 是第一项。

移除：移除列表中指定位置的项（不返回指定位置的项），#1 是

列表函数

第一项。

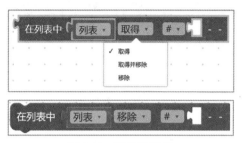

图 9.13　移除列表项

2. 求列表的长度

求列表长度块如图 9.14 所示。此操作为返回列表的长度。

图 9.14　求列表长度块

图 9.15 所示为求一维列表的长度，输出值为 5。

图 9.15　求一维列表的长度

图 9.16 所示为求二维列表的长度，输出值为 4，从图中可以看出，对二维列表求长度，返回的是列表的行数。

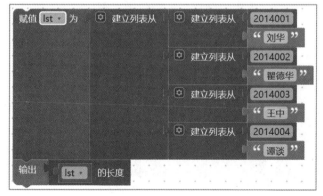

图 9.16　求二维列表的长度

3. 设置列表中项的值

设置列表中的项，并指定位置项的值，位置共有 5 个选项，如图 9.17 所示。

图 9.17　设置列表中项的值

#：设置在列表中指定位置的项，#1 是第一项。如果设置的索引超过列表已有的长度，则会在对应索引下增加项，而原列表长度到设置的索引中间项为空项。

倒数第#：设置在列表中指定位置的项，#1 是最后一项，即从最后一个位置往前算。

第一个：设置列表中的第一项。

最后一个：设置列表中的最后一项。

随机的：设置列表中的随机一项。

图 9.18 所示为设置列表第 5 项的值为"张小"。

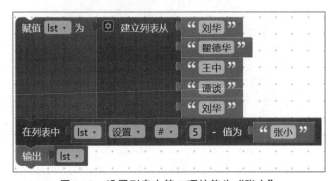

图 9.18　设置列表中第 5 项的值为"张小"

如图 9.19 所示，设置列表中项的代码，运行结果输出："刘华,瞿德华,王中,谭谈,王六,张小"和 8。

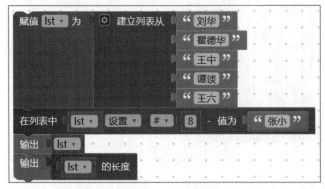

图 9.19　设置列表中项的代码并输出其值

　　要在二维列表中设置项的值，需先取得行，然后设置对应列的值，如图 9.20 所示，设置第一行第二列的值为"张小"。

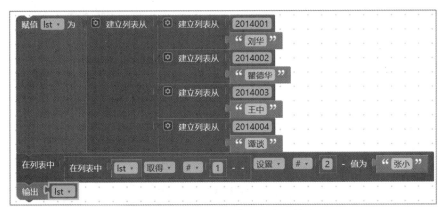

图 9.20　设置二维列表中指定项的值

🔍 注意!
　　在二维列表中设置项的值的时候，行不能超过列表的长度，否则会报错，如图 9.21 所示。在二维列表中设置项的值的时候，列的长度超过列数时不会报错，如图 9.22 所示。

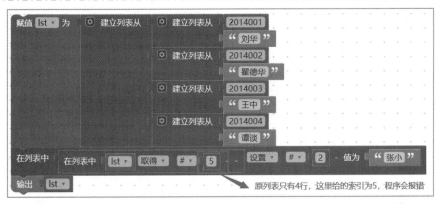

图 9.21　当设置二维列表中指定项的值的行的长度超过列表的长度时报错

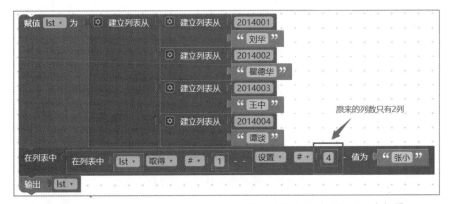

图 9.22　当设置二维列表中指定项的值的列的长度超过列数时不会报错

4. 在列表中插入值

在列表中插入值，是指在列表的指定位置插入项，如图 9.23 所示，位置共有 5 个选项。

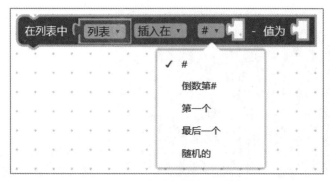

图 9.23　在列表中插入项块

各选项说明如下。

#：在列表指定位置插入项，#1 是第一项。如果设置的索引超过列表已有的长度，则会在列表最后新增加一项。

倒数第#：在列表指定位置插入项，#1 是最后一项，即从最后一个位置往前算。插入位置的计算方法为列表长度-插入索引，如 5-9=-4，即倒数第 4 个位置。如图 9.24 所示，插入完成后的结果为：刘华,张小,瞿德华,王中,谭谈,王六。

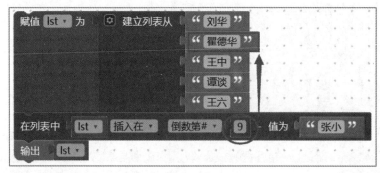

图 9.24　在列表中插入项

第一个：在列表的第一项插入项。

最后一个：在列表的结尾插入项。

随机的：在列表中随机位置插入项。

5. 判断列表是否是空的

判断列表是否是空的，如果列表是空的，则返回值为真(true)，否则返回值为假(false)，如图 9.25 所示。

图 9.25　判断列表是否是空的块

如图 9.26 所示，输出结果分别为 false 和 true。

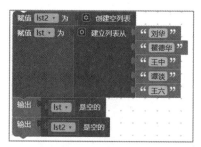

图 9.26　判断列表是否为空

6. 获取子列表

复制列表中指定的部分项，该块共有 3 个选项，如图 9.27 所示。

图 9.27　获取子列表

各选项说明如下。

获取子列表从#：复制列表中指定部分的项，如图 9.28 所示，从列表中获取第 2 项到第 4 项的值，得到一个新的列表，输出结果为：瞿德华,王中,谭谈。

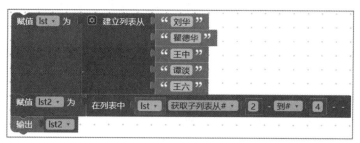

图 9.28　获取子列表

获取子列表从最后一个#：第一个位置的索引是从列表最后开始往前算，最后一个位置为 1，倒数第二个位置为 2，以此类推。第二个位置的索引默认是从第一个位置开始往后算，另外还有"到倒数第#"和"到最后"。

如图 9.29 所示，结果为：瞿德华，王中。这里"到#"为指定的位置必须在前面指定的位置或之后，否则返回的是空。

图 9.29　获取子列表从最后指定位置开始

获取子列表从第一个：复制从列表第一项到指定位置的项。如图 9.30 所示，结果为：
刘华,瞿德华,王中。

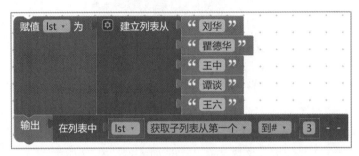

图 9.30　获取子列表从第一个开始

其中"到#"，也包含三个选项，即"到#"、"到倒数第#"、"到最后"。

7. 查找项

在列表中查找项，如图 9.31 所示，共包含 2 个选项。

图 9.31　在列表中查找项

各选项说明如下。

寻找第一次出现的项：返回在列表中的第一匹配项的索引值，如果找不到项，则返回 0。

寻找最后一次出现的项：返回在列表中的最后一个匹配项的索引值，如果找不到项，则返回 0。

如图 9.32 所示，输出的结果分别为 1 和 5。

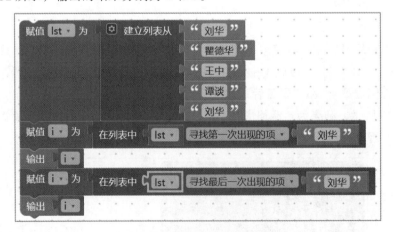

图 9.32　查找项并输出结果

8. 排序

排序主要用来对列表中的数据进行排序。排序的比较规则有按数字排序、按字母排序、按字母排序，忽略大小写三种，排序方式有升序和降序两种，如图 9.33 所示。

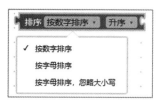

图 9.33　排序块

如图 9.34 所示，输出的排序结果分别为：cat,dog,duck,monkey,pig 和 pig,monkey,duck,dog,cat。

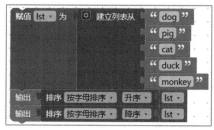

图 9.34　排序示例

9. 从文本制作列表和从列表拆出文本

从文本制作列表和从列表拆出文本如图 9.35 所示。

图 9.35　从文本制作列表和从列表拆出文本块

从文本制作列表：用指定的分隔符拆分文本制作列表，默认分割符为英文的逗号","。

从列表拆出文本：将列表中的文本转变为文本，文本之间用指定的分隔符分隔，默认为英文的逗号","。

图 9.36 演示了从文本制作列表和从列表拆出文本，输出结果如下：

```
dog,pig,cat,duck,monkey
5
dog,pig,cat,duck,monkey
23
```

图 9.36　从文本制作列表和从列表拆出文本示例

9.1.5 列表应用

【例 9.2】 求从 2 到 100 之间的所有素数，并保存到列表中，然后输出。

分析：求素数的方法在前面章节已经介绍过，这里可以定义素数函数，然后使用循环取从 2 到 100 之间的数，调用素数函数来判断是否为素数，如果为素数，则插入到列表的最后，如图 9.37 所示。

列表应用

图 9.37 判断素数

【例 9.3】 学生成绩管理。有一个班的学生成绩如表 9.3 所示，为了简化问题，此处仅列举 4 条。

表 9.3 学生成绩表

学号	姓名	语文	数学	英语
2201	张山	90	96	94
2202	李四	95	98	97
2203	王五	85	90	92
2204	谭六	80	94	86

保存表 9.1 中的学生成绩，计算学生的总分并添加到最后一列，然后输出。

分析：学生成绩表是一个二维表格，因此，要采用二维列表存放，二维列表的第一行存放表格的第一行标题，第二行开始存放每个学生的成绩。列表建好之后，再对列表的中每个学生成绩求和，然后增加一项（一列）保存总分，最后一行一行地输出学生成绩。学生成绩管理的代码如图 9.38 所示。

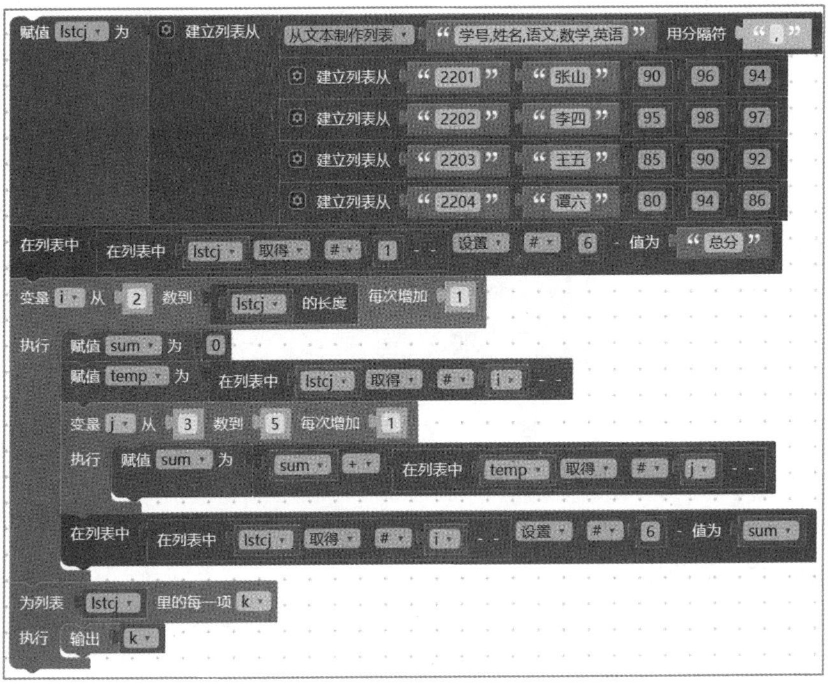

图 9.38　学生成绩管理的代码

9.2　文本

9.2.1　文本的基本用法

文本的基本用法包括建立文本从、向项目附加文本、求文本长度和判断文本是否为空，模块如图 9.39 所示。

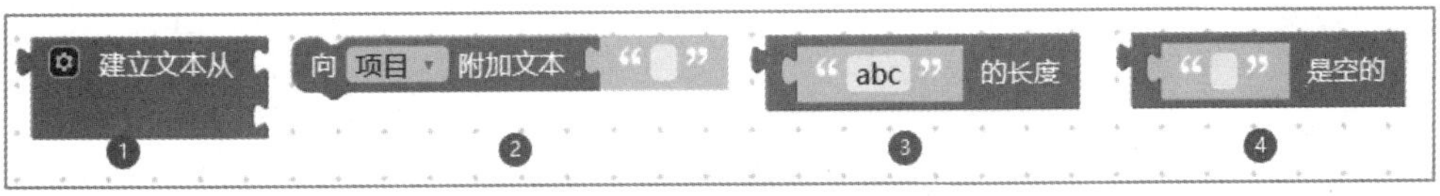

图 9.39　文本的基本用法

1. 建立文本从

通过串起任意数量的项来建立一段文本，项的数量可以自己添加或删除。

2. 向项目附加文本

将文本追加到变量项目的结尾，如果是列表，则附加到列表最后一项的末尾。如图 9.40 所示，输出结果分别为：

```
123456
HelloWorld
How,doyou
```

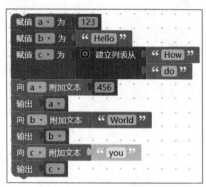

图 9.40　附加文本的使用

3. 求文本长度

返回给定文本的字母数（包括空格）。一个中文字符的长度也是 1。

4. 判断文本是否为空

如果给定的文本为空，则返回真（true），否则返回假（false）。

9.2.2　大小写转换及消除空白

大小写转换和消除空白如图 9.41 所示。

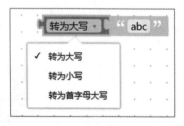 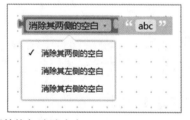

图 9.41　大小写转换与消除空白

转为大写：复制文本并将文本中的所有字母转换为大写并返回，原来的文本不会改变。如图 9.42 所示，输出结果如下：

```
ABCD 您好
abcd 您好
```

图 9.42　转为大写

变量 a 中文本的字母并没有转换成大写字母。

转为小写：复制文本并将文本中的所有字母转换为小写并返回，原来的文本不会改变。

转为首字母大写：复制文本并将文本中的首字母转换为大写并返回，如果文本中的第一个字符不是字母，则不变。

消除其两侧的空白：从两端删除文本的空白（空格），并返回删除空白后的文本副本，原来的文本不会改变。

消除其左侧的空白：从左端删除文本的空白（空格），并返回删除空白后的文本副本，原来的文本不会改变。

消除其右侧的空白：从右端删除文本的空白（空格），并返回删除空白后的文本副本，原来的文本不会改变。

9.2.3 寻找文本

寻找文本如图 9.43 所示，包括两个选项。

图 9.43 寻找文本

寻找第一次出现的文本：返回第二个文本在第一个文本中的第一个匹配项的起始位置。如果未找到，则返回 0。

寻找最后一次出现的文本：返回第二个文本在第一个文本中的最后一个匹配项的起始位置。如果未找到，则返回 0。

如图 9.44 所示的示例，输出结果分别为 5 和 13。

图 9.44 寻找文本示例

9.2.4 从文本中获取字符

从文本中获取字符块如图 9.45 所示，包含 5 个选项。

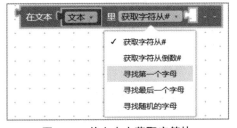

图 9.45 从文本中获取字符块

获取字符从#：返回文本中指定位置的字符（字母、标点符号、中文都可返回）。#1 是第一个字符。

获取字符从倒数#：返回文本中指定位置的字符。#1 是最后一个字符。

寻找第一个字母：返回文本中第一个字符。

寻找最后一个字母：返回文本中最后一个字符。

寻找随机的字母：返回文本中随机一个字符。

图 9.46 所示的例子输出的结果如下。

```
，
好
中
你
爱
```

最后一个字符是随机的，每次运行都不一样。

图 9.46   从文本中获取字符

9.2.5   从文本中取得子串

从文本中取得子串如图 9.47 所示，返回文本中指定的一部分文本，开始位置和结束位置均包含 3 个选项。

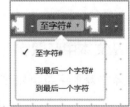

图 9.47   从文本中取得子串

开始位置包含以下三个选项。

取得子串自#：子串的起始位置为从开头计算，#1 为第一个字符。

取得子串自倒数#：第一个位置的索引是从文本最后开始往前算，最后一个位置为 1，倒数第二个位置为 2，以此类推。

取得子串自第一个字符：复制从第一个字符到指定位置的字符串。

结束位置包含以下三个选项。

至字符#：到指定的索引结束，索引是从第一个字符开始计算。

到最后一个字符#：此处翻译有误，应该是"倒数#"，即从最后一个字符往前计算。这里"倒数#"指定的位置必须在前面指定的位置之后，否则返回的是空。

到最后一个字符：到文本的最后一个字符结束。

图 9.48 所示的例子的输出结果如下。

> 国您好
> 我爱
> 我爱
> 中国您好

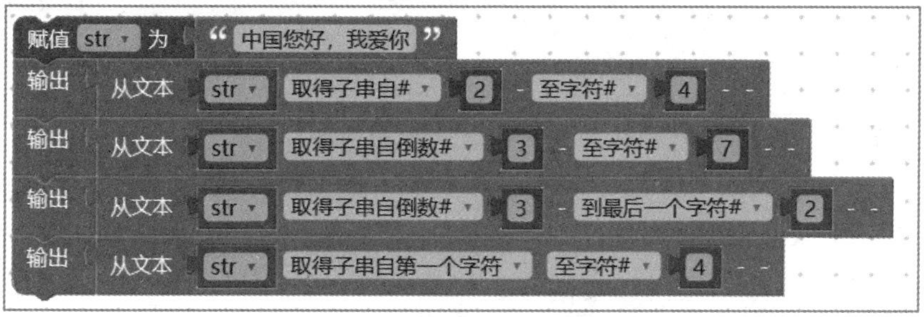

图 9.48　从文本中取得子串的示例

9.3　习题

1. 从键盘输入 10 个数，对这 10 个数按照从小到大进行排序，并输出排序后的结果。

2. 给定一个非负整数列表，统计里面每一个数的出现次数。只统计到列表里最大的数。假设 Fmax（Fmax<100）是列表里最大的数，那么我们只统计{0,1,2,…,Fmax}里每一个数出现的次数。

第 10 章 算法复杂度分析

算法复杂度分析

10.1 算法复杂度

算法（algorithm）是指解题方案的准确且完整的描述，是一系列解决问题的清晰指令，算法代表着用系统的方法描述解决问题的策略机制。也就是说，能够对一定规范的输入在有限时间内获得所要求的输出。

一个算法应该具有以下五个重要的特征。

1. 有穷性
算法的有穷性（Finiteness）是指算法必须能在执行有限个步骤之后终止。

2. 确切性
算法的每一步必须有确切的定义。

3. 输入项
一个算法有零个或多个输入，以刻画运算对象的初始情况。所谓零个输入，是指算法本身给出了初始条件。

4. 输出项
一个算法有一个或多个输出，以反映对输入数据加工后的结果。没有输出的算法是毫无意义的。

5. 可行性
算法中执行的任何计算步骤都是可以被分解为基本的可执行的操作步骤，即每个计算步骤都可以在有限时间内完成（也称为有效性）。

同一问题可用不同的算法解决，而一个算法的质量优劣将影响到算法乃至程序的效率。算法分析的目的在于选择合适算法和改进算法。

评价一个算法的好坏主要从时间复杂度和空间复杂度来考虑。

时间复杂度是指执行这个算法所需要的计算工作量。

空间复杂度是指执行这个算法所需要的内存空间。

10.2 算法时间复杂度

1. 算法时间复杂度的数学意义

从数学上定义，给定算法 A，如果存在函数 f(n)，当 n=k 时，f(k)表示算法 A 在输入规模为 k 的情况下的运行时间，则称 f(n)为算法 A 的时间复杂度。

其中：输入规模是指算法 A 所接受输入的数据量的多少。

2. 算法效率分析

对于同一个算法，每次执行的时间不仅取决于输入规模，还取决于输入的特性和具体的硬件环境在某次执行时的状态。因此，想要得到一个统一精确的 F(n)是不可能的。为此，通常忽略硬件及环境因素，假设每次执行时硬件条件和环境条件是完全一致的。

影响程序运行时间的因素有以下几个。

（1）机器的速度（一般假设完全一样）。

（2）算法的好坏。

（3）输入的数据规模。

3. 分析时间复杂度的过程

运行时间=执行次数*每次执行所需的时间。

由于每次执行所需的时间必须考虑到机器和编译程序的功能，因此，通常只考虑执行的次数。

计算时间复杂度应遵守以下规则。

（1）对于一些简单的输入/输出块或赋值块，近似认为需要 O(1)时间（注意：常数项忽略不计）。

（2）对于顺序结构，需要依次执行一系列块，所用的时间可采用大 O 下的"加法原则"。

加法原则：总复杂度等于量级最大的代码复杂度，即忽略低阶项、高阶项系数以及常数项。因此，我们只关注循环次数最多的代码。

（3）对于选择结构，它的主要时间耗费是在执行块或否则块所用的时间。需注意的是，判断条件也需要 O(1)时间。

（4）对于循环结构，循环语句的运行时间主要体现在多次迭代中执行循环体以及检验循环条件的时间耗费，一般可用大 O 下的"乘法原则"。

乘法原则：嵌套代码的复杂度等于嵌套内外代码的复杂度乘积。

（5）对于复杂的算法，可以将它分成几个容易估算的部分，然后利用求和法则和乘法法则计算整个算法的时间复杂度。

计算时间复杂度的步骤如下。

第一步：找出算法中的基本语句（执行次数最多的那条语句），通常是最内层循环的循环体。

第二步：计算基本语句的执行次数的数量级。

第三步：将基本语句执行次数的数量级放入大 O 记号中。

4. 常见时间复杂度举例

（1）常数阶 0(1)。

图 10.1 所示代码的时间复杂度就是常数阶。

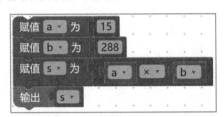

图 10.1　常数阶时间复杂度示例

总结：只要代码的执行时间不随 n 的增大而增大，这样的代码时间复杂度都为 O(1)，一般情况下，只要代码中不存在循环语句、递归语句，即使代码成千上万行，都是常数阶。

（2）线性阶 O(n)。

最常见的线性阶算法即为一个循环的情况，求 1 到 n 的和即为线性阶时间复杂度，如图 10.2 所示。

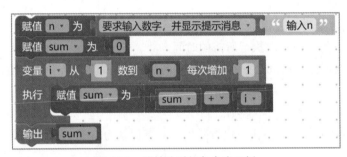

图 10.2　线性阶时间复杂度示例

（3）平方阶 O(n²)。

常见的平方阶算法即为两个循环嵌套的情况，如图 10.3 所示。

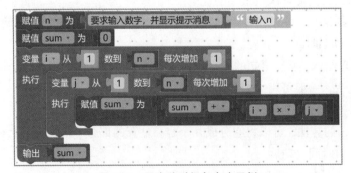

图 10.3　平方阶时间复杂度示例

图 10.4 所示代码的时间复杂度同样为平方阶。

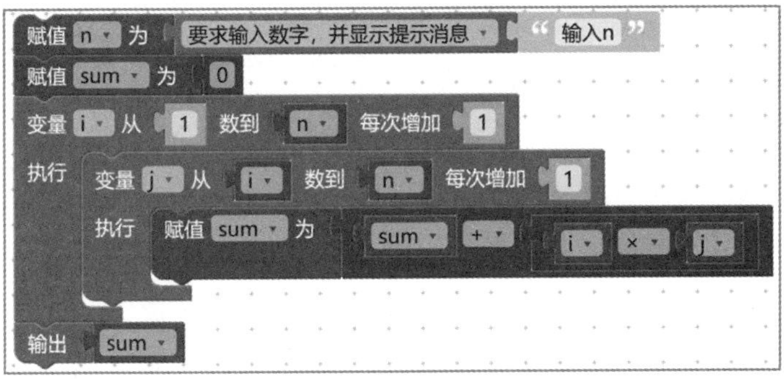

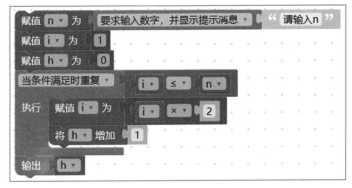

图 10.4　平方阶时间复杂度示例 2

这段代码的内循环 j 是从 i 开始的，而不是从 1 开始的，因此它的总执行时间为：$n+(n-1)+(n-2)+\cdots+1=n^2/2+n/2$。忽略低阶项，去掉最高阶系数，得出它的时间复杂度为 $O(n^2)$。

（4）对数阶 O(logn)。

图 10.5 所示代码表示：当 x 个 2 相乘大于 n 时，退出循环，即 $2^x=n$，得 $x=\log_2 n$，代码执行次数 x 为 $\log_2 n$。

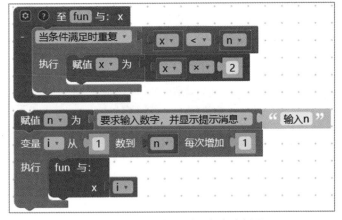

图 10.5　对数阶时间复杂度示例

（5）线性对数阶 O(nlogn)。

图 10.6 所示为线性对数阶时间复杂度的示例。

图 10.6　线性对数阶时间复杂度例子

外层循环调用一次 fun 函数的时间复杂度为 O(logn)，一共调用 n 次，利用乘法原则，因此，代码的时间复杂度为 O(nlogn)。

5. 常见时间复杂度比较

时间复杂度一般为：O(1) < O(logn) < O(n) < O(nlogn) < O(n^2) < O(n^3) < O(2^n) < O(n!) < O(n^n)。

🔍 **注意!**

O(2^n)、O(n!)、O(n^n)这三项都是非多项式时间复杂度。当 n 越来越大时，它们的时间复杂度会急剧增长，因此，算法效率非常低。

假设机器为每秒 10^8 次基本运算，1 秒钟内，各种复杂度的算法能够解决的问题的最大规模，如表 10.1 所示。

表 10.1　时间复杂度和能够解决的问题的最大规模

时间复杂度	n!	2^n	n^3	n^2	$\log_2 n$	n
最大规模	11	26	464	10000	$4.5*10^6$	100000000

10.3　算法空间复杂度

空间复杂度是对一个算法在运行过程中临时占用存储空间大小的量度，记做 S(n)=O(f(n))。

其中，n 为问题的规模，f(n) 为语句关于 n 所占存储空间的函数。

常见空间复杂度有 O(1) 和 O(n)。

对于一个算法，其时间复杂度和空间复杂度往往是相互影响的。当追求较好的时间复杂度时，可能会使空间复杂度的性能变差，即可能导致占用较多的存储空间；反之，当追求较好的空间复杂度时，可能会使时间复杂度的性能变差，即可能导致占用较长的运行时间。

10.4　习题

1. 分析图 10.7 和图 10.8 所示代码的时间复杂度。

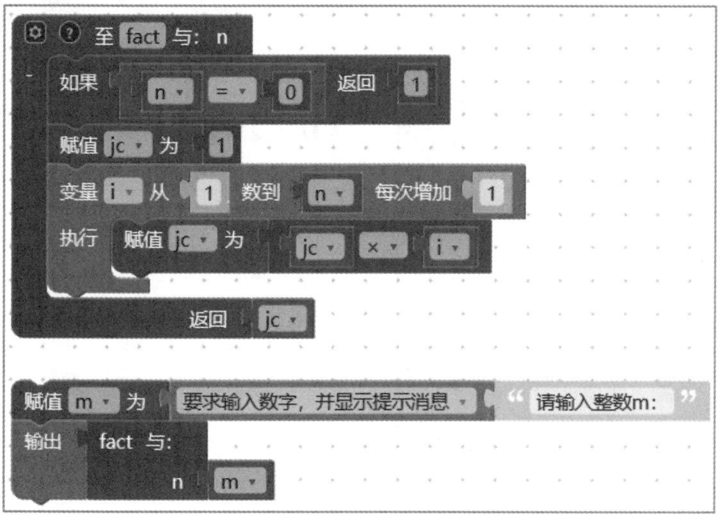

图 10.7　计算阶乘

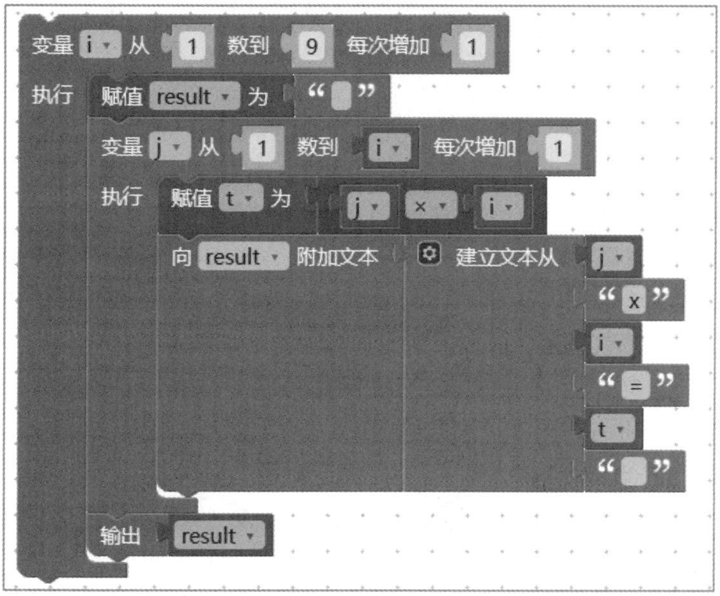

图 10.8　九九乘法口诀表

第 11 章 排序算法

排序算法有很多，经典的排序算法主要有冒泡排序、选择排序、插入排序、归并排序、快速排序等。本章将介绍冒泡排序和插入排序。

11.1 冒泡排序

冒泡排序的基本思想：冒泡排序是一种典型的交换排序，类似于水中冒泡，较大的数沉下去，较小的数慢慢冒起来，假设从小到大，即为较大的数慢慢往后排，较小的数慢慢往前排。直观表述为每一趟遍历，将一个最大的数移到序列末尾。

冒泡排序

冒泡排序的算法描述：从第 1 个元素开始，对列表中两两相邻的元素进行比较，将值较小的元素放在前面、值较大的元素放在后面，一轮比较完毕后，最大的数沉到底部成为列表中的最后一个元素，而一些较小的数如同气泡一样上浮一个位置。比如 n 个数，经过 n-1 轮比较后完成排序。

假定包含有 10 个数的序列，要求按升序进行排列，实现的步骤如下。

（1）从第 1 个元素开始与其后一个元素比较，如果第 1 个元素较大，则 2 个元素交换位置，依次比较到第 10 个元素，最终将最大的数交换到了第 10 个元素的位置。

（2）重复（1），依次比较到第 9 个元素，最终将次大的数交换到第 9 个元素的位置。

（3）重复（1），依次比较到第 8 个元素，最终将第三大的数交换到第 8 个元素的位置。

……

（9）第 1 个元素与第 2 个元素比较。

因此共需要 9 趟才能完成排序。

例如：设 n=8，需要排序的 8 个元素为 36，25，48，12，65，43，20，58，执行冒泡排序程序的第 1 轮数据变化情况如下。

第 1 步：25 36 48 12 65 43 20 58

第 2 步：25 36 48 12 65 43 20 58

第 3 步：25 36 12 48 65 43 20 58

第 4 步：25 36 12 48 65 43 20 58
第 5 步：25 36 12 48 43 65 20 58
第 6 步：25 36 12 48 43 20 65 58
第 7 步：25 36 12 48 43 20 58 65
第 2 轮数据变化情况如下。
第 1 步：25 36 12 48 43 20 58 65
第 2 步：25 12 36 48 43 20 58 65
第 3 步：25 12 36 48 43 20 58 65
第 4 步：25 12 36 43 48 20 58 65
第 5 步：25 12 36 43 20 48 58 65
第 6 步：25 12 36 43 20 48 58 65
冒泡排序的代码如图 11.1 所示。

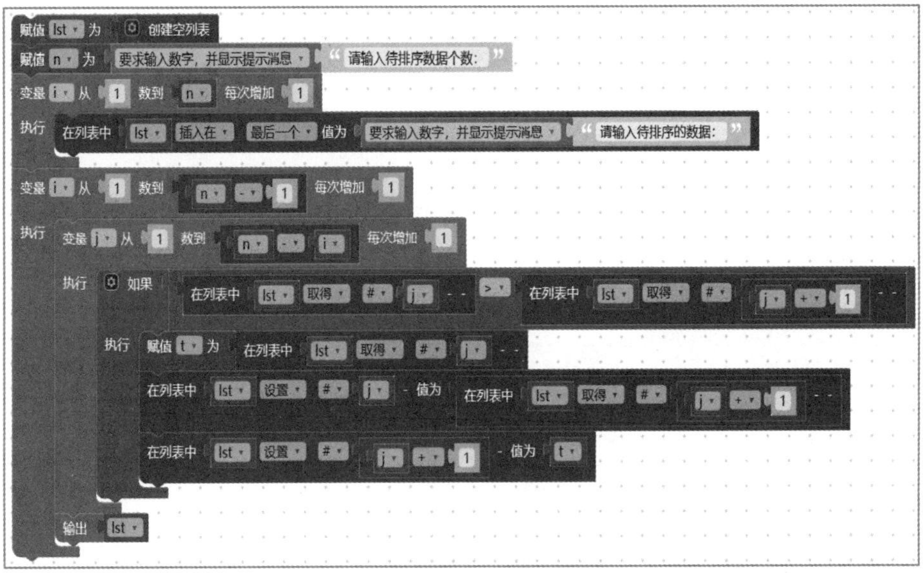

图 11.1　冒泡排序的代码

冒泡排序的时间复杂度为 $O(n^2)$；空间复杂度为 $O(1)$，只需要一个额外空间用于交换。

冒泡排序是稳定的排序算法，因为可以实现值相等的元素在排序结束后与排序前的相对位置不变。

11.2　插入排序

插入排序的基本思想：将一个记录插入到已排好序的序列中，从而得到一个新的有序序列。排序过程将序列分成两个序列，一个是有序的序列，一个待排序的序列。排序开始时，可以将序列的第 1 个数据看成是一个有序的子序列，然后从第 2 个记录逐个向该有序的子序列有序地进行插入，直至整个序列有序。

第 1 趟插入：将第 2 个元素插入前面的有序子序列，此时前面只有 1 个元素，当然是有序的。

第 2 趟比较：将第 3 个元素插入前面的有序子序列，前面的 2 个元素是有序的。

插入排序

……

第 n–1 趟比较：将第 n 个元素插入前面的有序子序列，前面 n-1 个元素是有序的。

例如：设 n=8，需要排序的 8 个元素是 36，25，48，12，65，43，20，58，执行插入排序程序后，其数据变动情况如下。

第 0 趟：[36] 25 48 12 65 43 20 58

第 1 趟：[25 36] 48 12 65 43 20 58

第 2 趟：[25 36 48] 12 65 43 20 58

第 3 趟：[12 25 36 48] 65 43 20 58

第 4 趟：[12 25 36 48 65] 43 20 58

第 5 趟：[12 25 36 43 48 65] 20 58

第 6 趟：[12 20 25 36 43 48 65] 58

第 7 趟：[12 20 25 36 43 48 58 65]

插入排序的代码如图 11.2 所示。

图 11.2   插入排序的代码

插入排序的时间复杂度为 $O(n^2)$；空间复杂度为 $O(1)$，只需要一个额外空间用于交换。

插入排序是稳定的排序算法，可以保证值相等的元素在排序结束后与排序前的相对位置不变。

11.3　习题

1. 选择排序算法。基本思想：每一趟从待排序的数据元素中选出最小（或最大）的一个元素，顺序放在待排序的数列的最前面，直到全部待排序的数据元素排序完成。

排序过程示例如下。

初始排序数据　[49 38 65 97 76 13 27 49]

第 1 趟排序后　13 [38 65 97 76 49 27 49]

第 2 趟排序后　13 27 [65 97 76 49 38 49]

第 3 趟排序后　13 27 38 [97 76 49 65 49]

第 4 趟排序后　13 27 38 49 [76 97 65 49]

第 5 趟排序后　13 27 38 49 49 [97 65 76]

第 6 趟排序后　13 27 38 49 49 65 [97 76]

第 7 趟排序后　13 27 38 49 49 65 76 [97]

最后的排序结果　13 27 38 49 49 65 76 97

请编写程序实现选择排序算法。

第 12 章　分治算法

分治算法

12.1　分治算法思想

凡治众如治寡，分数是也。这句话出自《孙子兵法》中，意思是指治理众多的军队可以通过管理各级组织的头目来达到目的，治理大部队与治理小分队原理是一样的。

所谓分治就是指的分而治之，即将较大规模的问题分解成几个较小规模的问题，通过对较小规模问题的求解达到对整个问题的求解。

分治算法适用的条件如下。

- 问题的规模缩小到一定程度就可以容易解决。
- 原问题可分解为若干个规模较小的相同子问题。
- 子问题相互独立。
- 子问题的解可以合并为原问题的解。

分治算法的解题步骤如下。

（1）分解：将要解决的问题分解为若干个规模较小、相互独立、与原问题形式相同的子问题。

（2）治理：求解各个子问题。由于各个子问题与原问题的形式相同，只是规模较小而已，而当子问题划分得足够小时，就可以用较简单的方法解决。

（3）合并：按原问题的要求，将子问题的解合并为原问题的解。

12.2　二分查找

主持人在女嘉宾的手心上写一个 10 以内的整数，让男嘉宾猜是多少，而女嘉宾只能提示大了还是小了，并且只有 3 次机会。

主持人悄悄地在女嘉宾手心写了一个 8。

男嘉宾："2。"

女嘉宾："小了。"

男嘉宾："3。"

女嘉宾："小了。"

男嘉宾："10。"

女嘉宾："晕了!"

在有序序列中查找，每次与中间的元素比较，如果比中间元素小，则在前半部分查找，如果比中间元素大，则去后半部分查找。这种方法称为二分查找或折半查找，也称二分搜索技术。它比顺序查找要快得多，特别是当数据量很大时，效果更明显。二分查找只能在有序表上进行，对于一个无序表，则只能采用顺序查找。

每一次使得可选的范围缩小一半，最终使得范围缩小为一个数，从而得出答案。假设问的范围是从 1 到 n，根据 $n/2^x \leqslant 1$（$x \geqslant \log_2 n$），所以只需要问 O(logn)次就能知道答案了。

使用二分查找法有一个重要的前提，就是有序性。

在有序数据上进行二分查找的过程如下。

首先待查找区间为所有 N 个元素 $a_1 \sim a_n$，将其中点元素 a_{mid}(mid=(N+1)/2)的值与给定值 x 进行比较，若 $x=a_{mid}$，则表明查找成功，返回该元素的下标 mid 的值，若 $x<a_{mid}$，则表明待查找元素只可能落在该中点元素的左边区间 $a1 \sim a_{mid-1}$ 中，接着只要在这个左边的区间 $a_0 \sim a_{mid-1}$ 中继续进行二分查找，若 $x>a_{mid}$，则只要在这个右边的区间 $a_{mid+1} \sim a_n$ 内继续进行二分查找即可。这样经过一次比较后，就使得查找区间缩小一半，如此进行下去，直到查找到对应的元素，返回下标值，或者查找区间变为空（即区间下界 low 大于区间上界 high），表明查找失败返回-1 为止。

假定 10 个有序数据如图 12.1 所示。

| 15 | 26 | 37 | 45 | 48 | 52 | 60 | 66 | 73 | 90 |

图 12.1　10 个有序数据

若要从这 10 个有序数据中二分查找出值为 37 的元素，则具体过程为：开始时查找区间为 $a_1 \sim a_{10}$，其中点元素的下标 mid 为 5，因 a_5 值为 48，其给定值 37 小于它，所以应接着在左区间 $a_1 \sim a_4$ 中继续二分查找，此时中点元素的下标 mid 为 2，因 a_2 的值为 26，其给定值 37 大于它，所以应接着在右区间 $a_3 \sim a_4$ 中继续二分查找，此时中点元素的下标 mid 为(3+4)/2，其值为 3，因 a_3 的值为 37，给定值与它相等，到此查找结束，返回该元素的下标值 3。此查找过程可用图 12.2 表示出来，其中每次二分查找区间用方括号括起来，该区间的下界和上界分别用 low 和 high 表示。

```
索引  1    2    3    4    5    6    7    8    9    10
（1）[15   26   37   45   48   52   60   66   73   90 ]
      ↑low              ↑mid                   ↑high
（2）[15   26   37   45]  48   52   60   66   73   90
      ↑low ↑mid   ↑high
（3） 15   26  [37   45]  48   52   60   66   73   90
          low,mid↑   ↑high
```

图 12.2　二分查找 37 的过程示意图

若要从数据中二分查找其值为 70 的元素，则经过 3 次比较后因查找区间变为空，即区间下界 low 大于区间上界 high，所以查找失败，其查找失败过程如图 12.3 所示.

```
下标   1    2    3    4    5    6    7    8    9   10
(1)  [15   26   37   45   48   52   60   66   73   90]
      ↑ low                ↑ mid                 ↑ high
(2)   15   26   37   45   48  [52   60   66   73   90]
                              ↑ low    ↑ mid    ↑ high
(3)   15   26   37   45   48   52   60   66  [73   90]
                                     low,mid↑   ↑ high
(4)   15   26   37   45   48   52   60   66 ] [73   90
                                        ↑ high  ↑ low
```

图 12.3　二分查找 70 的过程示意图

二分查找函数的实现如图 12.4 所示，二分查找算法如图 12.5 所示。

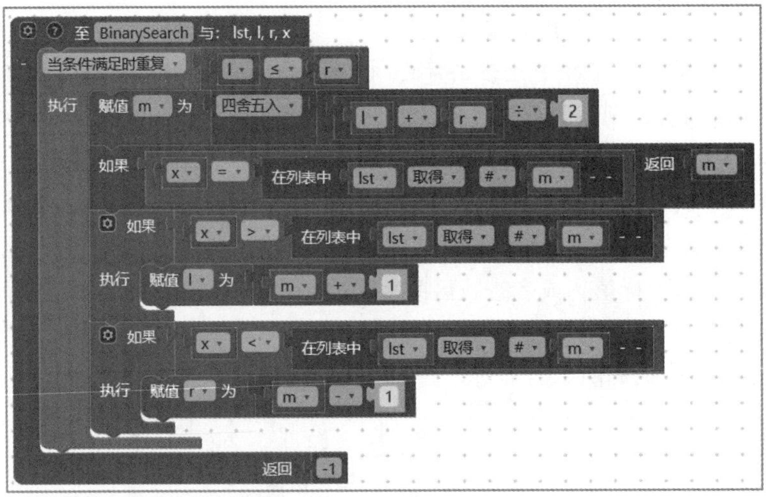

图 12.4　二分查找函数的实现

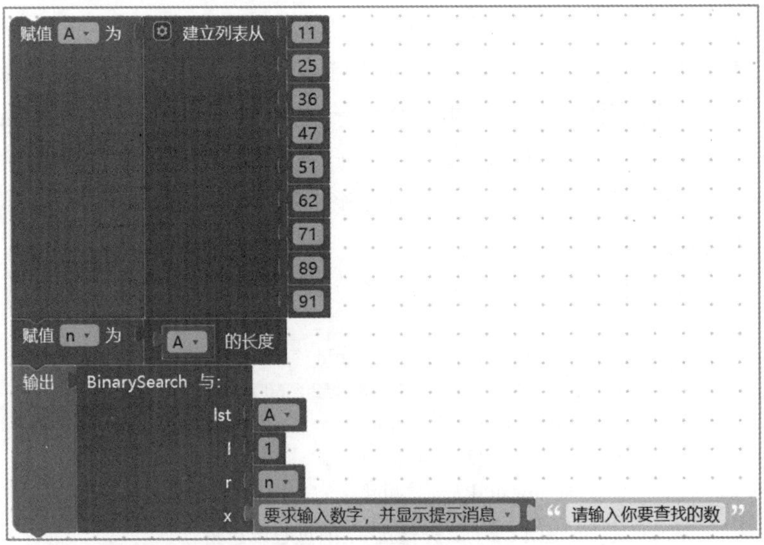

图 12.5　二分查找算法

在二分查找的函数实现中，求中点位置采用了四舍五入，因为索引不能为小数。

12.3　习题

1. 给定一个有 n 个有序数据的整数集合 S 和另外一个整数 x，判断集合 S 中是否有两个整数的和恰好等于 x。

第 13 章　贪心算法

贪心算法

13.1　基本思想

将问题的求解过程看成是一系列选择，每次选择一个输入，每次的选择都是在当前状态下的最好选择（局部最优解）。每做出一次选择后，所求问题会简化为一个规模更小的子问题，从而通过每一步的最优解逐步达到整体的最优解。在贪心算法中，需注意以下几个问题。

（1）没有后悔药。一旦做出选择，就不可以反悔。

（2）有可能得到的不是最优解，而是最优解的近似解。

（3）选择什么样的贪心策略，就直接决定算法的好坏。

13.2　贪心算法求解问题的特性

贪心算法求解的问题具有两个重要的特性：贪心选择和最优子结构。

1. 贪心选择

贪心选择是指原问题的整体最优解可以通过一系列局部最优的选择得到。将原问题变为一个相似的但规模更小的子问题，而后每一步都是当前的最佳选择。这种选择依赖于已做出的选择，但不依赖于未做出的选择。

2. 最优子结构

如果问题的最优解包含其子问题的最优解，则称此问题具有最优子结构特性。问题的最优子结构特性是该问题是否可用贪心算法求解的关键。

13.3　求解步骤

1. 贪心策略

首先确定贪心策略，以选择当前最好的一个方案。例如，挑选苹果，如果要求个大的苹果是最好的，那么每次都从苹果堆中拿一个最大的作为局部最优解，贪心策略就是选择当前最大的苹果；如果要求最红的苹果是最好的，那么每次都从苹果堆中拿一个最红的作为局部最优解，贪心策略就是选择当前最红的苹果。

因此，根据求解目标的不同，贪心策略也会有所不同。

2. 局部最优解

根据贪心策略，一步一步地得到局部最优解。例如，第一次选一个最大的苹果放起来，记为 a1，第二次再从剩下的苹果堆中选择一个最大的苹果放起来，记为 a2，以此类推。

3. 全局最优解

把所有的局部最优解合成为原来问题的一个最优解（a1，a2，…）。

13.4　会场安排

会场安排：设有 n 个活动的集合 E={1,2,…,n}，其中每个活动都要求使用同一资源，如演讲会场等，而在同一时间内只有一个活动能使用这一资源。每个活动 i 都有一个要求使用该资源的起始时间 si 和一个结束时间 fi，且 si<fi。如果选择了活动 i，则它在半开时间区间 [si,fi) 内占用资源。若区间 [si,fi) 与区间 [sj,fj) 不相交，则称活动 i 与活动 j 是相容的。也就是说，当 si≥fj 或 sj≥fi 时，活动 i 与活动 j 相容。

表 13.1 是一些会议要求的时间表。

表 13.1　会议要求的时间表

开始时间	1	12	2	0	5	3	5	8	3	8	6
结束时间	4	14	13	6	9	5	7	11	8	12	10

现在要求管理员安排会议的时候满足最多的会议数。

安排会议数最多，即需要选择最多的不相交时间段。可以尝试以下贪心策略。

（1）最早开始时间且与已安排的会议相容的会议。

（2）持续时间最短且与已安排的会议相容的会议。

（3）最早结束时间且与已安排的会议相容的会议。

最优的贪心策略：每次从剩下的会议中选择具有最早结束时间且与已安排的会议相容的会议。

算法设计如下。

（1）初始化：将 n 个会议的开始时间、结束时间分别存放在 2 个列表中，然后按结束时间非递减排序，结束时间相等时，按开始时间非递增；

（2）根据贪心策略选择第一个具有最早结束时间的会议，用 j 记录刚选中会议的结束时间；

（3）选择第一个会议之后，依次从剩下未安排的会议中选择，如果会议 i 开始时间大于等于 j，那么会议 i 可以安排，更新 j 为刚选中会议的结束时间；否则，舍弃会议 i，检查下一个会议是否可以安排。

实现过程为：先将 11 个会议按结束时间非减序排列，排序后的结果如表 13.2 所示。

表 13.2　会议按结束时间非减序排列

i	1	2	3	4	5	6	7	8	9	10	11
si	1	3	0	5	3	5	6	8	8	2	12
fi	4	5	6	7	8	9	10	11	12	13	14

依次考虑会议 i，若 i 与已选择的会议相容，则添加此会议到相容会议子集。

i=1 时，第一个会议是最早结束的，可以进行安排，j=4。

i=2 时，第二个会议开始时间为 3，3 小于 j（j 为 4），因此，不符合要求，不能安排。

i=3 时，第三个会议开始时间为 0，0 小于 j（j 为 4），因此，不符合要求，不能安排。

i=4 时，第四个会议开始时间为 5，5 大于 j（j 为 4），符合要求，可以安排，更新 j=7。

i=5 时，第五个会议开始时间为 3，3 小于 j（j 为 7），因此，不符合要求，不能安排。

i=6 时，第六个会议开始时间为 5，5 小于 j（j 为 7），因此，不符合要求，不能安排。

i=7 时，第七个会议开始时间为 6，6 小于 j（j 为 7），因此，不符合要求，不能安排。

i=8 时，第八个会议开始时间 8，8 大于 j（j 为 7），因此，符合要求，可以安排，更新 j=11。

i=9 时，第九个会议开始时间为 8，8 小于 j（j 为 11），因此，不符合要求，不能安排。

i=10 时，第十个会议开始时间为 2，2 小于 j（j 为 11），因此，不符合要求，不能安排。

i=11 时，第十一个会议开始时间为 12，12 大于 j（j 为 11），因此，符合要求，可以安排，更新 j=14。

安排结束，最多可以安排 4 场会议，如表 13.3 中粗斜体所示（i=1,4,8,11）。

表 13.3　会议安排结果

i	1	2	3	4	5	6	7	8	9	10	11
si	*1*	3	0	*5*	3	5	6	8	8	2	12
fi	*4*	5	6	*7*	8	9	10	11	12	13	14

排序函数如图 13.1 所示，贪心选择函数如图 13.2 所示，代码如图 13.3 所示。

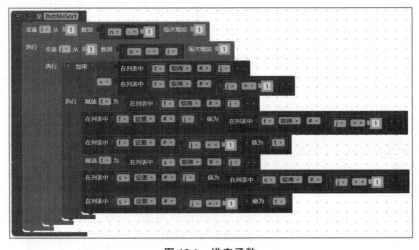

图 13.1　排序函数

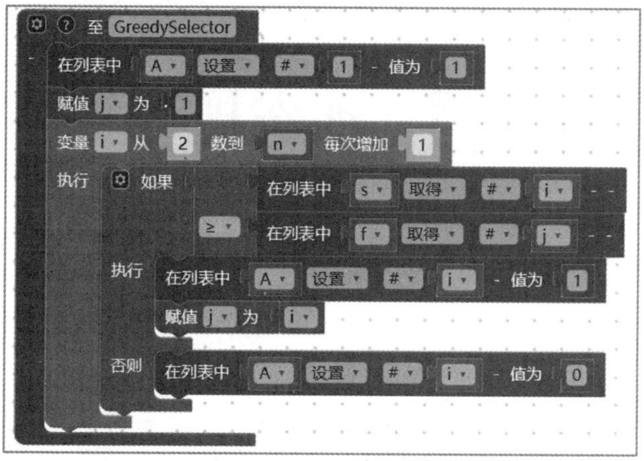

图 13.2　贪心选择函数

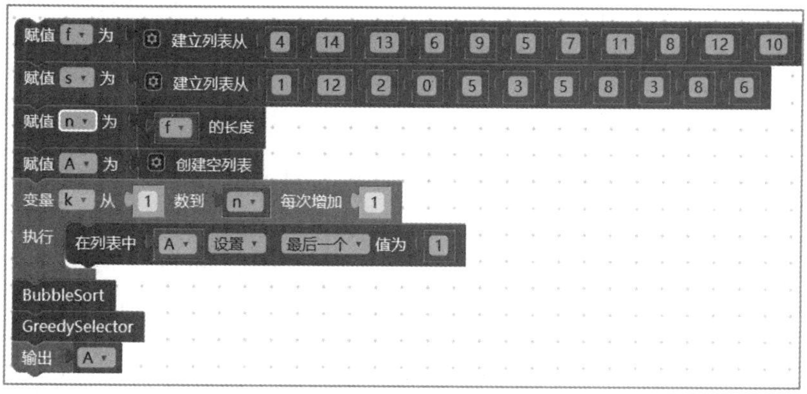

图 13.3　代码

在图 13.1 的排序函数中采用了冒泡排序，排序是按照会议的结束时间非减序排列，在交换结束时间的时候，需要同步交换开始时间。

以上例子中采用了两个列表分别用来存放开始时间和结束时间，读者也可以考虑采用一个二维列表用来存放开始时间和结束时间。

运行程序后的输出结果：1,0,0,1,0,0,0,1,0,0,1

1 表示该会议可以安排，0 表示该会议不能安排。

13.5　习题

1. 有一批集装箱要装上一艘载重量为 c 的轮船。其中集装箱 i 的重量为 Wi。最优装载问题要求确定在装载体积不受限制的情况下，将尽可能多的集装箱装上轮船。

设 n=8，[w1，…，w8]=[100,200,50,90,150,50,20,80]，c=400。请问最多能装载多少个集装箱？

第 14 章 动态规划算法

14.1 动态规划算法基础

14.1.1 动态规划概念

在分治法中，各个子问题是相互独立的。如果各个子问题有重叠，不是相互独立的，那么用分治法就会重复求解很多子问题，反而会降低算法效率。

动态规划是 1957 年理查德·贝尔曼在《Dynamic Programming》

动态规划算法概述–
兔子繁殖问题

一书中提出来的。Programming 不是编程的意思，而是指一种表格处理法。我们把每一步得到的子问题结果存储在表格里，每次遇到该子问题时不需要再求解一遍，只需要查询表格即可。动态规划就是把原问题分解为若干个子问题，然后自底向上，先求解最小的子问题，把结果存储在表格中，当求解大的子问题时，直接从表格中查询小的子问题的解，避免重复计算，从而提高算法效率。

14.1.2 动态规划性质

使用动态规划需要满足以下三个性质。

1. 最优子结构
最优子结构是指问题的最优解包含其子问题的最优解。

2. 子问题重叠
子问题重叠是指在求解子问题的过程中，有大量的子问题是重复的。

3. 无后效性
当前阶段的求解只与前面阶段的有关，与后续阶段无关，称为无后效性。

14.1.3 解题方法

解题方法主要包括以下几步。
（1）分析最优解的结构特征。
（2）建立最优值的递归式。

（3）自底向上计算最优值，并记录。

（4）构造最优解。

14.2　兔子繁殖问题

有一对兔子，从出生后第三个月起每个月都生一对兔子，小兔子长到第三个月后每个月又生一对兔子，假如兔子都不死，问每个月的兔子总数为多少？

分析：

（1）分析最优解的结构特征。

先用表格来分析每个月兔子的变化数量，具体计算如表 14.1 所示。

表 14.1　每个月兔子数

月份	成年兔子对数	幼年兔子对数	兔子的总对数
1		1	1
2		1	1
3	1	1	2
4	1	1（2个月）+1	3
5	2	1（2个月）+2	5
6	3	2（2个月）+3	8
7	5	3（2个月）+5	13
8	8	5（2个月）+8	21

通过观察表格的规律，可以发现，从第三个月开始的兔子总对数是前面两个月兔子对数之和。

（2）根据最优解结构特征，建立递归式。

$$F(n) = \begin{cases} 1, & n = 1 \\ 1, & n = 2 \\ F(n-1) + F(n-2), & n > 2 \end{cases}$$

（3）自底向上计算最优值，并记录，如图 14.1 所示。

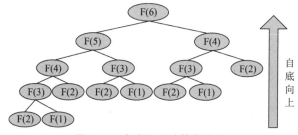

图 14.1　自底向上计算最优值

（4）构造最优解。

本例中，自底向上求解到树根就是我们要的最优解。在众多的算法中，很多读者觉得动态规划是比较难的算法，为什么呢？难在寻找递归式。很多复杂的问题，很难找到相应的递归式。实际上，一旦得到递归式，算法就已经实现了99%，剩下的程序实现就非常简单了。

兔子繁殖代码实现过程如图 14.2 所示。

图 14.2　兔子繁殖代码实现过程

求解动态规划问题，如何确定状态和转移方程是关键，也是难点。不同的状态和转移方程可能导致不同的算法复杂度。

14.3　数字三角形

有一个由非负整数组成的三角形，如图 14.3（a）所示，第一行只有一个数，除了最下面一行外，每个数的左下方和右下方各有一个数，从第一行的数开始，每次可以往左下方或右下方走一格，直到走到最下面一行，并把沿途经过的数全部加起来。如何走才能使得这个和尽量大？

数字三角形

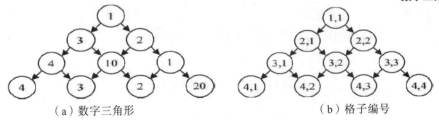

（a）数字三角形　　　　　　　　　　　（b）格子编号

图 14.3　非负整数三角形

对问题进行抽象，如下。

把当前的位置(r,c)看成是一个状态，如图 14.3（b）所示。然后定义状态(r,c)的指标函数 d(r,c)为从格子(r,c)出发时能得到的最大和（包括格子(r,c)本身的值）。在这个状态定义下，原问题的解是 d(1,1)。那么不同的状态之间是如何转移的呢？

从格子(r,c)出发，有两个决策。如果往左走，走到(r+1,c)，后续需要求"从(r+1,c)出发后能得到的最大和"这一问题，即 d(r+1,c)。类似地，往右走之后需要求解 d(r+1,c+1)。由于可以在这两个决策中自由选择，所以应选择 d(r+1,c)和 d(r+1,c+1)中较大的一个。

状态转移方程如下：

d(r,c)=a(r,c)+max{d(r+1,c),d(r+1,c+1)}

其中，a(r,c)表示每个圆形的数字。算法描述如下：

```
solve(r,c)
  如果 d(r,c)>=0,
    返回 d(r,c)
  如果 r 等于 n
    d(r,c)=a(r,c)
  否则
    d(r,c)=a(r,c)+max(solve(r+1,c),solve(r+1,c+1))
```

数字三角形函数及数字三角形代码分别如图 14.4、图 14.5 所示。

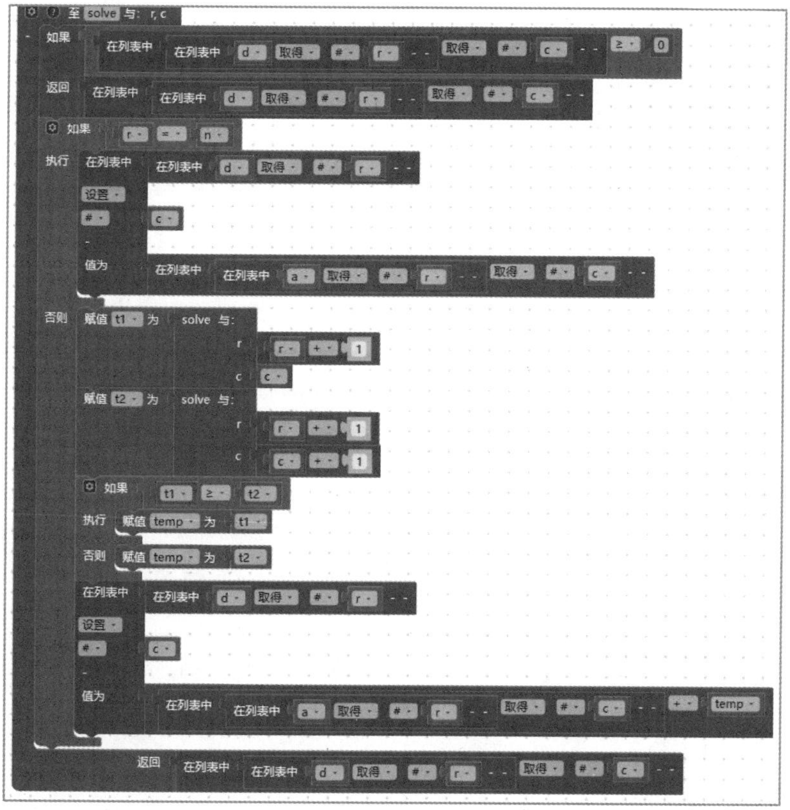

图 14.4　数字三角形函数

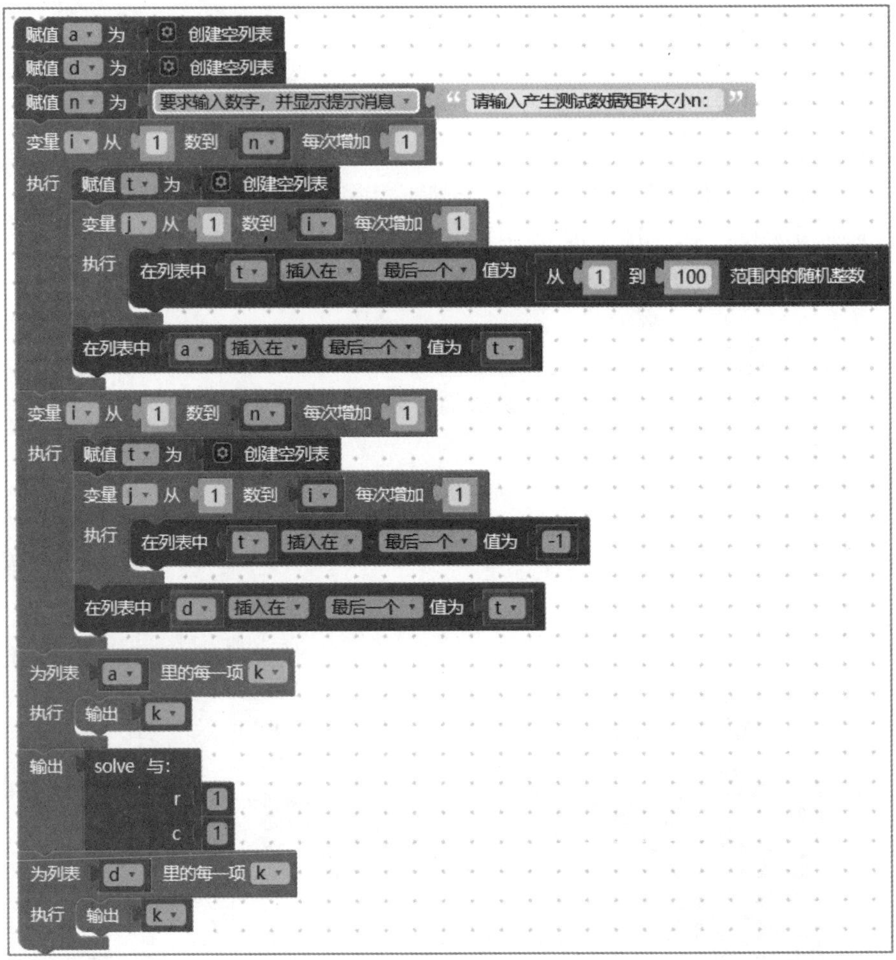

图 14.5　数字三角形代码

图 14.5 中的列表 a 用来存放数字三角形的值，其值随机产生。列表 d 用来记录计算过程的状态值，即 d(r,c)，均初始化为-1。列表 a 和列表 d 均只用了二维列表的下三角部分。

然后用列表循环打印出列表 a 中每一行的数据；再调用 solve 函数计算数字三角形的和并输出；最后用列表循环打印出列表 d 中每一行的数据。

14.4　习题

1. 给定 n 个整数（可能有负数）组成的序列 a1，a2，…，an，求该序列的最大子段和。如果所有整数都是负数，那么定义其最大子段和为 0。

第15章 Blockly 的二次开发

Blockly 开发工具（Blockly Developer Tools）是一款基于 Web 的开发工具，可以自动化部分 Blockly 配置过程，包括创建自定义块、构建您的工具箱，以及配置您的 Web Blockly 工作区，如图 15.1 所示。

块工厂 1

Blockly 开发工具启动方法：进入 Blockly 的 Demos 下双击 "index.html" 并运行，然后找到 "Blockly Developer Tools"，点击即可启动。

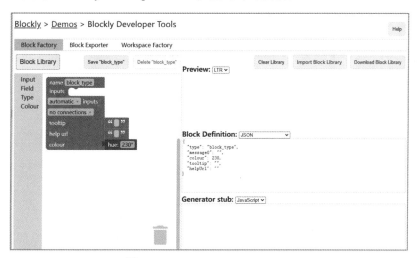

图 15.1 Blockly Developer Tools

使用该工具的开发过程包括以下三个部分。
- 使用块工厂和块导出器创建自定义块。
- 使用工作区工厂构建工具箱和默认工作区。
- 使用工作区工厂（目前仅支持 Web 功能）配置您的工作区。

15.1 块工厂

"块工厂（Block Factory）" 选项卡可以帮助你为自定义块创建块定义和代码生成器。在这个选项卡上，你可以轻松地创建、修改和保存自定义块。

15.1.1 自定义块

自定义块如图 15.2 所示，一般需自定义输入（Input）、字段（Field）、类型（Type）和颜色（Colour）等。

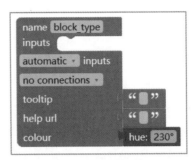

图 15.2　自定义块

1. 块名字

给自定义块取一个名字，在 name 后，可修改 block_type 的名称。

2. 输入

块可以有一个或多个输入，其中每个输入都有在连接中结束的标签和字段的序列。有三种类型的输入，即值输入（value input）、语句输入（statement input）和虚拟输入（dummy input），如图 15.3 所示。

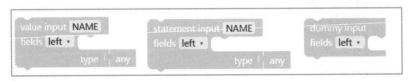

图 15.3　输入方式

3. 输入类型

输入类型包括自动（automatic）、外接（externa）和内接（inline）等三种。

4. 连接方式

连接方式包括左连接（left output）、上下连接（top + bottm connections）、上连接（top connection）和下连接（bottom connection）等四种。

5. 工具提示

当用户将鼠标悬停在块上时，工具提示（tooltip）可提供即时帮助。如果文本很长，它将自动换行。

6. 帮助地址

帮助的网址。块可以具有与其相关联的帮助页面。通过右键单击块并从上下文菜单中选择"帮助"，Blockly for Web 的用户可以使用此功能。如果此值为 null，则菜单将显示为灰色。

7. 颜色

自定义块的颜色（colour），Blockly 一般使用 HSV（Hue, Saturation, Value）颜色模型，

取值范围为 0~360。

图 15.2 所示为基础的模板，对应的 json 如下：

```json
{
  "type":"block_type",
  "message0":"",
  "colour":230,
  "tooltip":"",
  "helpUrl":""
}
```

15.1.2　输入

输入（input）有三种类型：值输入（value input）、语句输入（statement input）、虚拟输入（dummy input）。

值输入：连接到值块的输出连接，如数学块中的加法、减法等。值输入块的效果如图 15.4 所示。

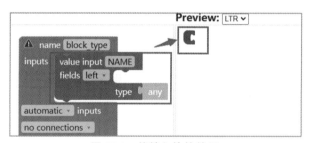

图 15.4　值输入块的效果

在 fields 后可以插入字段中的块，图 15.5 所示为在值输入块中插入文本块的效果。

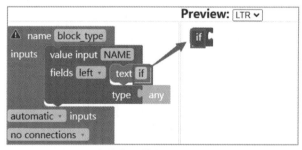

图 15.5　在值输入块中插入文本块的效果

语句输入块的效果如图 15.6 所示。

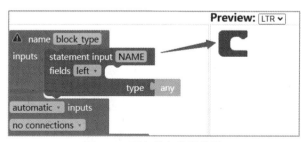

图 15.6　语句输入块的效果

虚拟输入：用于在没有连接的单独行上添加字段，当块配置为使用外部值输入时，其行为类似于换行。虚拟输入块的效果如图 15.7 所示。

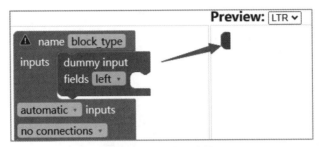

图 15.7　虚拟输入块效果

输入块常与字段中的块配合使用，后面再进一步深入介绍。

15.1.3　字段

字段用来定义块中的用户界面元素，包括字符串标签、图像和字符数据（如字符串和数字）等的输入。字段主要用来设置输入块中的取值类型、取值范围和文本等。字段不能单独使用，必须放在输入（input）块中使用。字段块如图 15.8 所示。

大多数字段都有一个名称字符串，用于在代码生成期间引用它们。

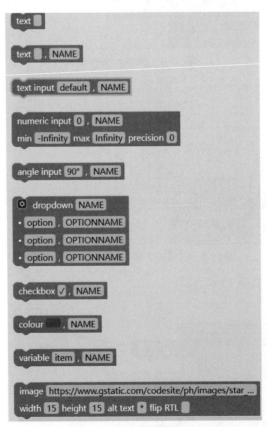

图 15.8　字段块

图 15.8 中的字段块依次为静态文本、静态文本、输入文本、数字、角度、下拉选择、复选框、颜色选择、变量、图片。

1. 静态文本

静态文本用作标签，标签上的字符串为其他字段和输入提供上下文，如图 15.9 中所示的 "if"。

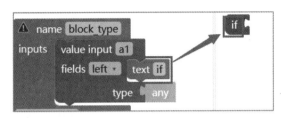

图 15.9　静态文本

在自定义块 JSON 文件中，标签的文本显示在 "message0" 后，如代码 15.1 所示。

【代码 15.1】　自定义块 JSON 文件。

```json
{
  "type":"block_type",
  "message0":"if %1",
  "args0":[
    {
      "type":"input_value",
      "name":"a1"
    }
  ],
  "colour":230,
  "tooltip":"",
  "helpUrl":""
}
```

2. 静态文本

静态文本用作标签，该标签上的字符串可以在运行时修改文本，并且可以为标签定义一个名称，如图 15.10 所示。

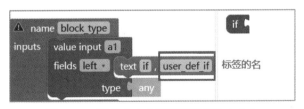

图 15.10　静态文本（运行时可修改文本）

在自定义块 JSON 文件中，将会增加 type、name、text 几个标签，如代码 15.2 所示。

【代码 15.2】　自定义块 JSON 文件（添加运行时可修改文本的标签）。

```json
{
  "type":"block_type",
  "message0":"%1 %2",
  "args0":[
    {
      "type":"field_label_serializable",
      "name":"user_def_if",
```

```
      "text":"if"
    },
    {
      "type":"input_value",
      "name":"a1"
    }
  ],
  "colour":230,
  "tooltip":"",
  "helpUrl":""
}
```

3. 输入文本

输入文本字段可以提供一个默认值，如图 15.11 中所示的 "default"。

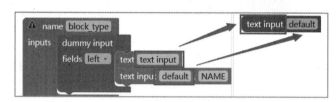

图 15.11　输入文本字段

4. 数字

数字字段用于提供数字输入和验证。使用附加参数，数字输入可以采用多种方式进行约束，如可以受最小值（min）和最大值（max）的约束。设置精度（precision）（通常为 10 的幂）在值之间执行最小步长。也就是说，用户的值将舍入到最接近的精度倍数。最低有效数字位置是从精度开始推断的。可以通过选择整数精度来强制执行整数值，如图 15.12 所示。

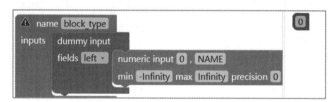

图 15.12　数字字段

5. 角度

角度字段用于以图形方式选择角度。默认情况下，从 0°（包括）到 360°（不包括 360°），逆时针方向，0° 到右边，90° 到顶部。也可以使用键盘输入任意角度（包括小数），但鼠标在刻度表盘选择的角度为 15° 的倍数，如图 15.13 所示。

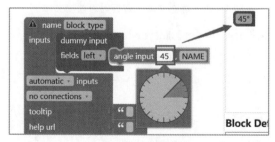

图 15.13　角度字段

6. 下拉选择

下拉选择字段的项目列表由两部分指定，第一部分是选项，第二部分是选项名称。图 15.14 所示的下拉选择字体中定义了算术运算符号。

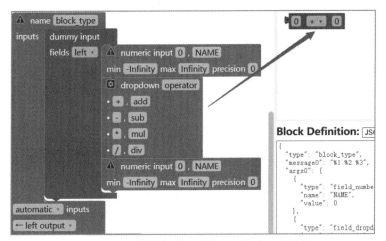

图 15.14　下拉选择字段中字义了算术运算符号

7. 复选框

复选框提供布尔选择输入，如图 15.15 所示。

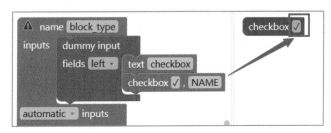

图 15.15　复选框字段

8. 颜色选择

颜色选择字段允许用户从编程器提供的一组不透明颜色中进行选择，如图 15.16 所示。

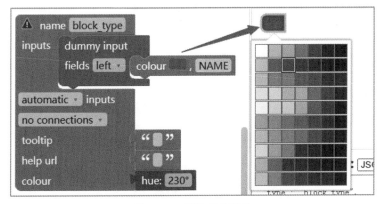

图 15.16　颜色选择字段

9. 变量

变量字段用于定义管理变量的下拉菜单，可以选择变量、修改变量名称和删除变量，如图 15.17 所示。

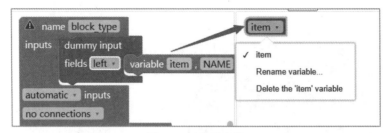

图 15.17　变量字段

10. 图片

图片字段一般为静态图片，常用图片格式为 JPEG、PNG、GIF、SVG、BMP。图片地址可以是互联网上的地址，也可以是相对地址（如./pic/cat.png，表示当前目录的 pic 文件夹下的 cat.png），如图 15.18 所示。其中 alt 文本（alt text）指定当块被折叠时使用的替代显示文本。

图 15.18　图片字段

图 15.19 所示为自定义循环块，代码 15.3 为产生的 JSON 文件。

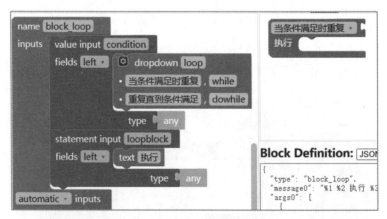

图 15.19　自定义循环块

【代码 15.3】　自定义循环块产生的 JSON 文件

```json
JSON
{
  "type":"block_loop",
  "message0":"%1 %2 执行 %3",
```

```
    "args0":[
      {
        "type":"field_dropdown",
        "name":"loop",
        "options":[
          [
            "当条件满足时重复",
            "while"
          ],
          [
            "重复，直到条件满足",
            "dowhile"
          ]
        ]
      },
      {
        "type":"input_value",
        "name":"condition"
      },
      {
        "type":"input_statement",
        "name":"loopblock"
      }
    ],
    "colour":120,
    "tooltip":"",
    "helpUrl":""
  }
```

15.1.4　类型

类型（Type）块用来定义输入块中输入数据的类型，不能单独使用，如图 5.20 所示。

块工厂 2

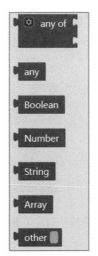

图 5.20　数据类型

any of：指定输入数据可以有多种类型，类型数量通过点击左上角的蓝色小方框添加，any of 后各自需要接其他类型块，使用方法如图 5.21 所示。

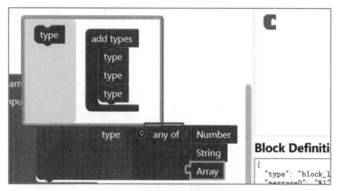

图 5.21   any of 类型块的使用

any：数据可以是任何类型。

Boolean：数据可以是真（true）和假（false）两个布尔类型值。

Number：数据可以是整数和浮点数。

String：数据为字符串文本。

Array：数据为列表。

other：数据为其他用户自定义类型。

15.1.5   颜色

颜色（Colour）用来自定义块的颜色，与颜色选择字段类似，颜色块中定义了多种默认的颜色供使用，如图 5.22 所示。

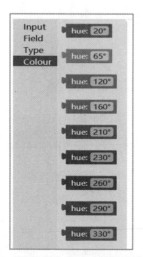

图 15.22   颜色块中定义了多种默认的颜色

15.1.6   输入类型

输入（inputs）类型包括自动（automatic）、外接（external）和内联（inline）三种，图 15.23（a）所示为外接类型，15.23（b）所示为内联类型。

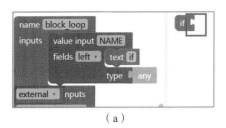
（a）

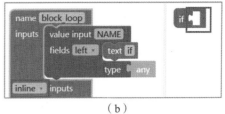
（b）

图 15.23　输入类型

15.1.7　连接方式

连接（connect）方式包括无连接（no connections）、左输出（left output）、上下连接（top+bottom connections）、上连接（top connection）、下连接（bottom connection）等方式。

无连接方式如图 15.24 所示。

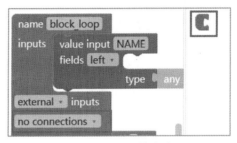

图 15.24　无连接方式

左输出方式如图 15.25 所示，可以返回后面计算的值，并连接到其他块后。

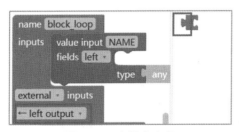

图 15.25　左输出方式

上下连接方式如图 15.26 所示，在块的顶部创建一个缺口，以便它可以作为堆叠语句连接在其他块下面，并且在块的底部创建一个点，可以在它的下面堆叠其他语句块。

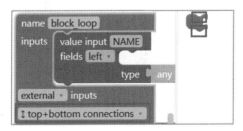

图 15.26　上下连接方式

上连接方式如图 15.27 所示，在块的顶部创建一个缺口，以便它可以作为堆叠语句连接在其他块下面。

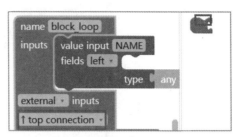

图 15.27　上连接方式

下连接方式如图 15.28 所示，在块的底部创建一个点，可以在它的下面堆叠其他语句块。

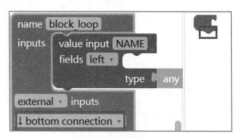

图 15.28　下连接方式

15.1.8　自定义块示例

自定义判断颜色相等的语句块，如图 15.29 所示。

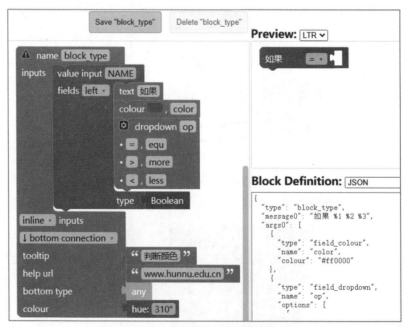

图 15.29　自定义判断颜色相等的语句块

自定义双分支选择块如图 15.30 所示。

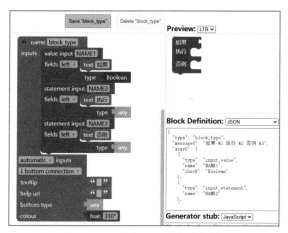

图 15.30　自定义双分支选择块

15.1.9　保存自定义块

读者定义好块后，首先需要为自定义块取一个名字，如图 15.31 中的 name，此处取名为"block_loop"，然后点击"Save "block_loop""即可保存该自定义块（保存到 Block 库中）。保存后点击"Delete "block_loop""可以删除该块。

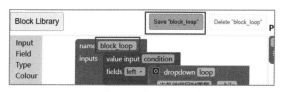

图 15.31　保存自定义块

此外，还可以清除库中保存的所有块（Clear Library），导入 Block 库（Import Block Library），下载 Block 库（Download Block Library），如图 15.32 所示。

图 15.32　Block 库管理

15.2　块导出器

读者一旦设计了自己的块，就需要导出块定义和生成器存根，以便在应用程序中使用它们。这是在"块导出器（Block Exporter）"选项卡上完成的，如图 15.33 所示。

块导出器

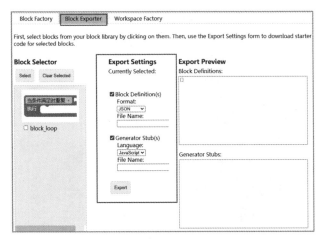

图 15.33　块导出器

　　存储在块库中的块都将显示在块选择器中。单击该块，表示选择或取消该输出。如果要选择库中的所有块，请使用"选择（ Select ）"→"全部存储在块库（ All Stored in Block Library ）"选项。如果使用"工作区"选项卡构建工具箱或配置工作区，也可以通过单击"选择"→"工作区工厂中全部的使用工具"来选择所有使用的块。

　　通过导出设置，你可以选择生成块定义和生成器存根（ Generator Stubs ）。其中生成块定义中包括块定义的格式和块定义的文件名，生成器存根包括生成的目标语言和文件名称。一旦选择了这些，就可以点击"导出（ Export ）"下载你的文件。图 15.34 所示为导出自定义的循环块。

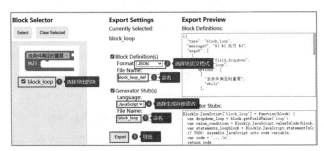

图 15.34　导出自定义的循环块

15.3　工作区工厂

　　工作区工厂（ Workspace Factory ）可以轻松配置工具箱和工作区中默认的块。你可以在"工具箱（ Toolbox ）"和"工作区（ Workspace ）"按钮之间切换编辑工具箱和起始工作区，如图 15.35 所示。

工作区工厂

图 15.35　工具箱

前面只是创建了工具，你还需要一个工具箱来装这些工具。

工具箱（Toolbox）选项卡可帮助构建工具箱的 XML（假定你熟悉 Toolbox 的功能）。如果你已经在此处编辑了一个工具箱的 XML，则可以通过单击"加载到编辑（Load to Edit）"来加载它。

（1）没有类别的工具箱。

如果你创建了几个块，并且想要在没有任何类别的情况下显示它们，只需将它们拖到工作区中，便会在预览窗口中看到你的块出现在工具箱中，如图 15.36 所示。

图 15.36　创建没有类别的工具箱

其中，自定义工具在 Block Library 类别下。

（2）带有类别的工具箱。

如果读者想要对块分类管理，那么可以自己定义类别。单击"+"按钮可以添加分类，有四种类别，如图 15.37 所示。

图 15.37　为工具箱添加类别

新类别（New Category）：这将会创建一个新的类别添加到你的类别列表中，新类的名称可以选择和编辑，也可以自己定义。

标准类别（Standard Category）：添加单个标准块类别，可从 Logic、Loops、Math、Text、Lists、Colour、Variables 与 Functions 中指定一个。

标准工具箱（Standard Toolbox）：添加所有标准块类别。

分隔符（Separator）：在两个类别中间产生水平分隔符。

图 15.38 所示为带有类别的工具箱，其中，上下箭头（↑、↓）按钮可以重新排列类别顺序、"-"按钮可以删除当前类别。

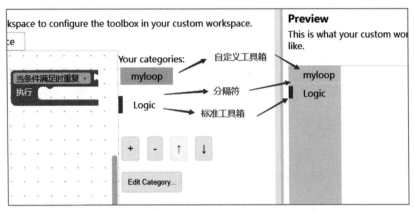

图 15.38 带有类别的工具箱

默认情况下，可以将库中的任何标准块或块添加到工具箱中。如果你在 JSON 中定义的块不在库中，则可以使用"导入自定义块（Import Custom Blocks）"按钮导入它们。

有些块需要几个块一起组合使用，有些块需要包含默认值块，这些是通过组和阴影来完成的。在编辑器中连接的块将作为组添加到工具箱中。通过选择子块并单击"制作阴影（Make Shadow）"按钮，也可以将附加到其他块的块更改为阴影块。注意：只有不包含变量的子块才可以更改为影子块。如图 15.39 所示，选中 true 后，将出现"Make Shadow"按钮。

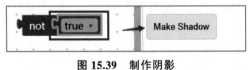

图 15.39 制作阴影

选中阴影后，将出现移除阴影（Remove Shadow），如图 15.40 所示。

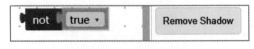

图 15.40 移除阴影

如果工具箱中包含变量或功能块，那么请在工具箱中包含"变量"或"功能"类别，以便用户充分利用该块。

15.4　配置工作区

配置工作区

配置工作区（Workspace）在"工作区工厂（Workspace Factory）"选项卡中，单击"工作区（Workspace）"进入，如图 15.41 所示。

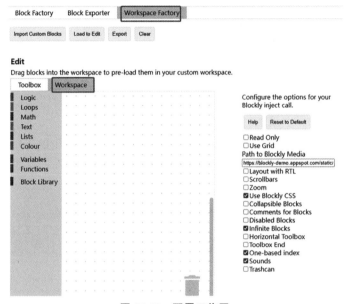

图 15.41　配置工作区

可以配置工作区的选项如下。

Read Only：只读。

Use Grid：使用网格，为工作区增加网格，包含三个参数：Spacing 指网格点之间的距离，Length 指网格点的长度，Colour 指网格点的颜色。

Layout with RTL：RTL 布局，即工具箱显示在右侧，块反向显示。

Scrollbars：添加滚动条。

Zoom：缩放。

Use Blockly CSS：使用 Blockly 的 CSS 样式。

Collapsible Blocks：可折叠块。

Comments for Blocks：可以为块添加注释。

Disabled Blocks：可以禁用块。

Infinite Blocks：无限块。

Horizontal Toolbox：水平显示工具箱。

Toolbox End：工具箱显示在右端。

One-based index：索引从 1 开始。

Sounds：添加声音。

Trashcan：添加垃圾桶。

工作区配置完成后，可以导出配置文件，如图 15.42 所示，工作区工厂提供以下导出选项。

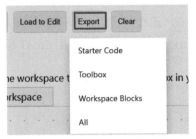

图 15.42　导出配置文件

初始代码（Starter Code）：生成初始 JavaScript 代码，以注入自定义的 Blockly 工作区。

工具箱（Toolbox）：生成 XML 来定义工具箱。

工作空间块（Workspace Blocks）：生成可以加载到工作空间中的 XML。

All：一次性导出所有文件。

15.5　自定义工作区和工具箱代码分析

15.5.1　固定尺寸工作区

代码分析 1–
固定尺寸工作区

1. 引入 Blockly 脚本

引入 Blockly 核心脚本和设置。注意，路径可能会有所不同，这取决于你的页面与 Blockly 的关系（两个 js 文件在 blockly-master 下，也可以将 js 文件拷贝到读者的 html 文件的同一目录下），代码如下：

```
<script src="blockly_compressed.js"></script>
<script src="blocks_compressed.js"></script>
```

2. 引入语言文件

引入包含用户语言的消息定义（本例中为英语），文件路径为 blockly-master\msg\js，代码如下：

```
<script src="msg/js/en.js"></script>
```

如果将 "en.js" 文件拷贝到读者的 html 文件的同一目录下，则可以修改代码如下：

```
<script src="en.js"></script>
```

简体中文文件为 zh-hans.js。

3. 确定引入位置

固定大小工作区：在页面主体的某个地方添加一个空 div 并设置其大小，代码如下：

```
<div id="blocklyDiv" style="height:480px;width:600px;"></div>
```

4. 添加工具箱

在页面添加工具箱的结构（节点定义形式），代码如下：

```
<xml id="toolbox" style="display:none">
<block type="controls_if"></block>
  <block type="controls_whileUntil"></block>
</xml>
```

5. 初始化

在页面底部创建调用脚本，完成 Blockly 的初始化，代码如下：

```
<script>
  var workspace=Blockly.inject('blocklyDiv',
    {toolbox:document.getElementById('toolbox')});
</script>
```

在页面添加工具箱的结构，还可以采用字符串定义的形式，两种方式是等价的，代码如下：

```
<script>
  var toolbox='<xml>';
  toolbox+='<block type="controls_if"></block>';
  toolbox+='<block type="controls_whileUntil"></block>';
  toolbox+='</xml>';
  var workspace=Blockly.inject('blocklyDiv',{toolbox:toolbox});
</script>
```

6. 完整代码

完整代码如下：

```
<script src="blockly_compressed.js"></script>
<script src="blocks_compressed.js"></script>

<script src="en.js"></script>

<div id="blocklyDiv" style="height:480px;width:600px;"></div>

<xml id="toolbox" style="display:none">
  <block type="controls_if"></block>
  <block type="controls_whileUntil"></block>
</xml>
<script>
  var workspace=Blockly.inject('blocklyDiv',
    {toolbox:document.getElementById('toolbox')});
</script>
```

保存 html 文件，目录下的文件如图 15.43 所示。

图 15.43　目录下的文件结果

用浏览器打开保存的 html 文件，自定义 Blockly 界面的运行效果如图 15.44 所示。

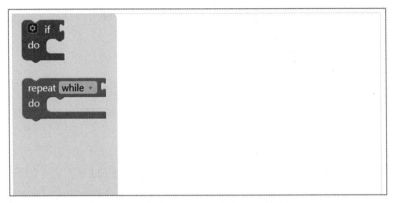

图 15.44　自定义 Blockly 界面的运行效果

7. 完整的 html 文件代码

完整的 html 文件结构代码如下：

```html
<html>
  <head>
    <title></title>
  </head>
  <body></body>
</html>
```

（1）<html></html>：根标签，页面中最大的标签，只能有一个。

（2）<head></head>：头部标签，里面的内容主要给浏览器看，<head>标签中必须包含
<title>标签，让网页有一个自己的网页标题。

（3）<body></body>：身体标签，里面的内容主要给用户看，页面内容基本都放在<body>
里。html 代码基本都在<body>中编写。

完整的 html 文件代码如下：

```html
<html>
  <head>
    <title>固定尺寸工作区</title>
  </head>
  <body>
    <script src="blockly_compressed.js"></script>
    <script src="blocks_compressed.js"></script>

    <script src="en.js"></script>

    <div id="blocklyDiv" style="height:480px;width:600px;"></div>

    <xml id="toolbox" style="display:none">
      <block type="controls_if"></block>
      <block type="controls_whileUntil"></block>
    </xml>
    <script>
      var workspace=Blockly.inject('blocklyDiv',
        {toolbox:document.getElementById('toolbox')});
    </script>
  </body>
</html>
```

8. 添加工具箱中的代码

可以直接使用第 15.4 节中介绍的导出的工具箱的 xml 文件。

代码如下：

```xml
<xml xmlns="https://developers.google.com/blockly/xml" id=
    "toolbox" style="display:none">
  <category name="myloop">
    <block type="block_loop">
      <field name="loop">while</field>
    </block>
  </category>
  <sep></sep>
  <category name="Logic" colour="#5b80a5">
    <block type="controls_if"></block>
    <block type="logic_compare">
      <field name="OP">EQ</field>
    </block>
    <block type="logic_operation">
      <field name="OP">AND</field>
    </block>
    <block type="logic_negate"></block>
    <block type="logic_boolean">
      <field name="BOOL">TRUE</field>
    </block>
    <block type="logic_null"></block>
    <block type="logic_ternary"></block>
  </category>
</xml>
```

15.5.2　可调尺寸工作区

引入 Blockly 脚本和语言文件同第 15.5.1 节。

代码分析 2-
可调尺寸工作区

1. 定义区域

使用 HTML 的 table 元素或 div 及 CSS 创建一个空区域，并确保该区域有一个唯一的 id，代码如下：

```html
<div id="blocklyArea" style="min-height:100vh;"></div>
```

2. 定位

将 blocklyDiv 元素定位到 blocklyArea 元素上，需要移除 blocklyDiv 元素的 height、width 样式，并添加绝对定位，代码如下：

```html
<div id="blocklyDiv" style="position:absolute"></div>
```

3. 添加工具箱

在页面添加工具箱的结构，代码如下：

```xml
<xml id="toolbox" style="display:none">
<block type="controls_if"></block>
  <block type="controls_whileUntil"></block>
</xml>
```

4. 初始化

初始化后的代码如下：

```
<script>
   var blocklyArea=document.getElementById('blocklyArea');
   var blocklyDiv=document.getElementById('blocklyDiv');
   var workspace=Blockly.inject(blocklyDiv,
     {toolbox:document.getElementById('toolbox')});
   var onresize=function(e) {
     //计算 blocklyArea 元素的绝对坐标和尺寸
     var element=blocklyArea;
     var x=0;
     var y=0;
     do {
       x += element.offsetLeft;
       y += element.offsetTop;
       element=element.offsetParent;
     } while (element);
     //将 blocklyDiv 定位到 blocklyArea 区域上
     blocklyDiv.style.left=x+'px';
     blocklyDiv.style.top=y+'px';
     blocklyDiv.style.width=blocklyArea.offsetWidth+'px';
     blocklyDiv.style.height=blocklyArea.offsetHeight+'px';
     Blockly.svgResize(workspace);
   };
   window.addEventListener('resize',onresize,false);
   onresize();
   Blockly.svgResize(workspace);
</script>
```

15.5.3 工具箱配置

代码分析 3–
工具箱配置

工具箱是用户可以创建新"块"的侧边菜单。工具箱的结构使用 XML 来指定，它可以是一个节点树，也可以是字符串的形式。所定义的 XML 会在 Blockly 注入页面中时传递给它。我们已在第 15.3 节中介绍了通过可视化界面来自定义工具箱，下面介绍通过 XML 文件定义方法。

1. 采用节点树定义形式
采用节点树定义形式的代码如下：

```
<xml id="toolbox" style="display:none">
<block type="controls_if"></block>
  <block type="controls_whileUntil"></block>
</xml>
```

在页面底部创建调用脚本，完成 Blockly 的初始化代码如下：

```
<script>
  var workspace=Blockly.inject('blocklyDiv',
    {toolbox:document.getElementById('toolbox')});
</script>
```

2.采用字符串形式定义
采用字符串形式定义的代码如下：

```
<script>
  var toolbox='<xml>';
  toolbox += '<block type="controls_if"></block>';
  toolbox += '<block type="controls_whileUntil"></block>';
```

```
    toolbox += '</xml>';
    var workspace=Blockly.inject('blocklyDiv',{toolbox:toolbox});
</script>
```

15.5.4 类别

工具箱中的块可以按类别进行组织。类别通过<category></category>完成，包含'Control'和'Logic'两个类别，示例 xml 代码如下：

```
<xml id="toolbox" style="display:none">
  <category name="Control">
    <block type="controls_if"></block>
    <block type="controls_whileUntil"></block>
    <block type="controls_for">
  </category>
  <category name="Logic">
    <block type="logic_compare"></block>
    <block type="logic_operation"></block>
    <block type="logic_boolean"></block>
  </category>
</xml>
```

工具箱分类代码的运行效果如图 15.45 所示。

图 15.45 工具箱分类代码的运行效果

定义分类时，可以通过 colour 属性来指定该分类的颜色。颜色用 0~360 的数字表示，代码如下：

```
<xml id="toolbox" style="display:none">
   <category name="Control" colour="220">
     <block type="controls_if"></block>
     <block type="controls_whileUntil"></block>
     <block type="controls_for"></block>
   </category>
   <category name="Logic" colour="120">
     <block type="logic_compare"></block>
     <block type="logic_operation"></block>
     <block type="logic_boolean"></block>
   </category>
 </xml>
```

为工具箱分类增加颜色的运行效果如图 15.46 所示。

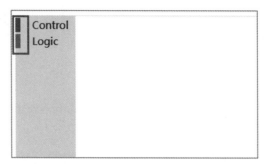

图 15.46   为工具箱分类增加颜色的运行效果

15.5.5   动态类别

如下代码有两个分类"Variables"和"Functions"。分类里面并没有内容,但定义分类时添加了"custom"属性,值可以为"VARIABLE"或"PROCEDURE"。这些分类,将使用适合的"块"自动填充。

```
<category name = "Variables" custom = "VARIABLE"></category>
<category name = "Functions" custom = "PROCEDURE"></category>
```

运行效果如图 5.47 所示。

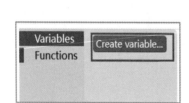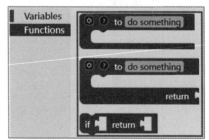

图 15.47   "Variables"和"Functions"类别

完整代码如下:

```
<html>
  <head>
    <title>动态类别 1</title>
  </head>
  <body>
    <script src = "blockly_compressed.js"></script>
    <script src = "blocks_compressed.js"></script>

    <script src = "en.js"></script>

    <div id = "blocklyDiv" style = "height:480px;width:600px;"></div>

    <xml id = "toolbox" style = "display:none">
      <category name = "Variables" colour = "330" custom = "VARIABLE"> </category>
      <category name = "Functions" colour="290" custom = "PROCEDURE"></category>
    </xml>

    <script>
      var workspace = Blockly.inject('blocklyDiv',
          {toolbox:document.getElementById('toolbox')});
```

```
    </script>
  </body>
</html>
```

15.5.6　添加自定义块

虽然 Blockly 定义了大量的标准块，但大多数应用仍然需要定义
和实现一些与自己业务相关的块。

块由以下三个组件构成。

- 块（Block）定义对象：用于定义块的外观和行为，包括文本、
  颜色、字段和连接。

代码分析 4–
添加自定义块

- 工具箱（Toolbox）：在工具箱 XML 中对块的类型进行引用，这样，用户才能将其添
  加到工作区中。
- 生成器函数：用于生成块的代码字符串。该函数使用 JavaScript 语言编写，但目标语
  言不限于 JavaScript，甚至运行环境也可能不是 Web。

可视化定义块请参考第 15.1 节的内容。

1. 自定义块

自定义"你好，猫猫"块如图 15.48 所示。

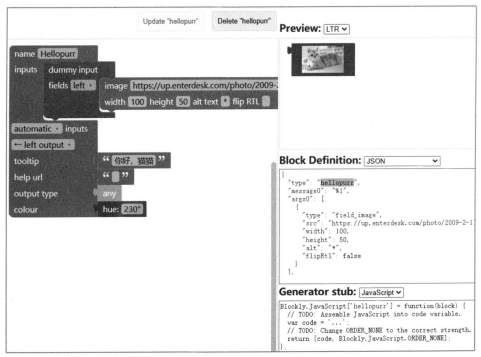

图 15.48　自定义"你好，猫猫"块

图 15.48 中，图片字段的图像地址可以用如下方法获得，如用百度搜索图片后，在图片
查看状态下点击鼠标右键，再选择复制图片地址即可得到（示例图像是在 Chrome 浏览器下
查看的），如图 15.49 所示。

图 15.49   复制图片地址

可视化定义完成后产生的块定义（Block Definition）JSON 代码如下：

```
{
  "type":"hellopurr",
  "message0":"%1",
  "args0":[
    {
      "type":"field_image","src":
      "https://up.enterdesk.com/photo/2009-2-11/200902061824471888.jpg",
      "width":100,
      "height":50,
      "alt":"*",
      "flipRtl":false
    }
  ],
  "output":null,
  "colour":230,
  "tooltip":"你好，猫猫",
  "helpUrl":""
}
```

生成的 JavaScript 存根代码（Generator Stub）如下：

```
Blockly.JavaScript['hellopurr']=function(block) {
  //TODO:Assemble JavaScript into code variable.
  var code='...';
  //TODO:Change ORDER_NONE to the correct strength.
  return [code,Blockly.JavaScript.ORDER_NONE];
};
```

2．添加工具箱引用

Blockly 通过页面中的脚本文件加载 "块"，在 blocks 目录下包含几个定义好的标准块示例，如图 15.50 所示。

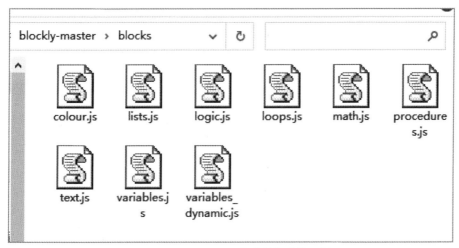

图 15.50　blocks 目录包含的标准块示例

如果需要创建一个新的块，就需要创建包含块定义的脚本文件，并将其添加到引用页的
<script>...</script>标签中。

如图 15.51 所示，在注释位置"//添加工具箱引用"，以及<script>...</script>标签的红色
框位置添加 JSON 代码。

```xml
<xml id="toolbox" style="display: none">
  <block type="controls_if"></block>
  <block type="controls_repeat_ext"></block>
  <block type="logic_compare"></block>
  <block type="math_number"></block>
  <block type="math_arithmetic"></block>
  <block type="text"></block>
  <block type="text_print"></block>
  //添加工具箱引用
</xml>

<script>
  Blockly.defineBlocksWithJsonArray([
  // 加入JSON

  ]);
  var workspace = Blockly.inject('blocklyDiv',
      {toolbox: document.getElementById('toolbox')});
</script>
```

图 15.51　添加自定义块代码

将前面"块定义"产生的 JSON 文件添加到相应位置，并增加包含块定义的脚本文件，
如图 15.52 所示。

```
    <block type="text_print"></block>
    <block type="hellopurr"></block>        //添加工具箱引用
</xml>

<script>
    Blockly.defineBlocksWithJsonArray([
    //   加入JSON
    {
      "type": "hellopurr",
      "message0": "%1",
      "args0": [
        {
          "type": "field_image",
          "src": "https://up.enterdesk.com/photo/2009-2-11/2009020061824471888.jpg",
          "width": 100,
          "height": 50,
          "alt": "*",
          "flipRtl": false
        }
      ],
      "output": null,
      "colour": 230,
      "tooltip": "你好，猫猫",
      "helpUrl": ""
    }
    ]);
    var workspace = Blockly.inject('blocklyDiv',
        {toolbox: document.getElementById('toolbox')});
</script>
```

图 15.52　添加自定义块代码

完整代码如下：

```
<html>
  <head>
    <title>添加自定义块初始化代码</title>
  </head>
  <body>
    <script src="blockly_compressed.js"></script>
    <script src="blocks_compressed.js"></script>

    <script src="en.js"></script>

    <div id="blocklyDiv" style="height:480px;width:600px;"></div>

    <xml id="toolbox" style="display:none">
      <block type="controls_if"></block>
      <block type="controls_repeat_ext"></block>
      <block type="logic_compare"></block>
      <block type="math_number"></block>
      <block type="math_arithmetic"></block>
      <block type="text"></block>
      <block type="text_print"></block>
      <block type="hellopurr"></block>        //添加工具箱引用
    </xml>

    <script>
```

```
    Blockly.defineBlocksWithJsonArray([
    //加入 JSON
    {
      "type":"hellopurr",
      "message0":"%1",
      "args0":[
        {
          "type":"field_image","src":
          "https://up.enterdesk.com/photo/2009-2-11/200902061824471888.jpg",
          "width":100,
          "height":50,
          "alt":"*",
          "flipRtl":false
        }
      ],
      "output":null,
      "colour":230,
      "tooltip":"你好，猫猫",
      "helpUrl":""
    }
    ]);
  var workspace=Blockly.inject('blocklyDiv',
    {toolbox:document.getElementById('toolbox')});
  </script>
  </body>
</html>
```

加入自定义块后的运行效果如图 15.53 所示，在工具箱最后增加用户自定义的块。

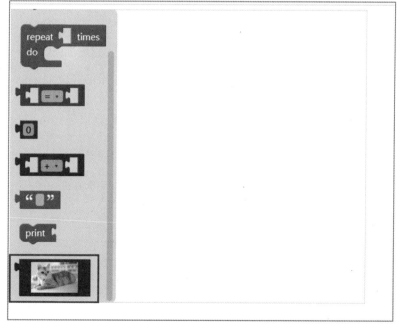

图 15.53   加入自定义块的运行效果

3. 继续添加自定义块方法

先定义好需要的块，如求字符串长度块，如图 15.54 所示。

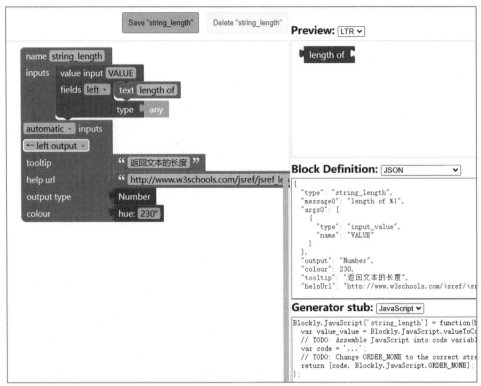

图 15.54   自定义求字符串长度块

可视化定义完成后产生的块定义（Block Definition）JSON 代码如下：

```
{
  "type":"string_length",
  "message0":"length of %1",
  "args0":[
    {
      "type":"input_value",
      "name":"VALUE"
    }
  ],
  "output":"Number",
  "colour":230,
  "tooltip":"返回文本的长度",
  "helpUrl":"http://www.w3schools.com/jsref/jsref_length_string.asp"
}
```

生成的 JavaScript 存根代码（Generator Stub）如下：

```
Blockly.JavaScript['string_length']=function(block) {
  var value_value=Blockly.JavaScript.valueToCode(block,'VALUE',
    Blockly. JavaScript.ORDER_ATOMIC);
  //TODO:Assemble JavaScript into code variable.
  var code='...';
  //TODO:Change ORDER_NONE to the correct strength.
  return [code,Blockly.JavaScript.ORDER_NONE];
};
```

添加第二个自定义块的代码如图 15.55 所示。

```
    <block type="hellopurr"></block>   //添加工具箱引用
    <block type="string_length"></block>
</xml>
```

```
    "output": null,
    "colour": 230,
    "tooltip": "你好，猫猫",
    "helpUrl": ""
  },
  {
    "type": "string_length",
    "message0": "length of %1",
    "args0": [
      {
        "type": "input_value",
        "name": "VALUE"
      }
    ],
    "output": "Number",
    "colour": 230,
    "tooltip": "返回文本的长度",
    "helpUrl": "http://www.w3schools.com/jsref/jsref_length_string.asp"
  }
]);
```

图 15.55　添加第二个自定义块的代码

🔍 注意！
　　两个自定义块 JSON 代码之间用英文逗号 "," 分隔。

　　添加第二个自定义块的运行效果如图 15.56 所示。

图 15.56　添加第二个自定义块的运行效果

15.5.7　代码生成器

1. 生成器函数

　　要将块解析成代码，需要定义一个与之对应的生成器函数。生成器函数由于生成语言的不同也会有所不同，标准的生成器函数格式如图 15.57 所示（由可视化自定义块自动生成）。

代码分析 5–
代码生成器

```
Generator stub: JavaScript
Blockly.JavaScript['hellopurr'] = function(block) {
  // TODO: Assemble JavaScript into code variable.
  var code = '...';
  // TODO: Change ORDER_NONE to the correct strength.
  return [code, Blockly.JavaScript.ORDER_NONE];
};
```

图 15.57　标准生成器函数（JavaScript 语言）

选择语言为 Python，代码如图 15.58 所示。

```
Generator stub: Python
Blockly.Python['hellopurr'] = function(block) {
  // TODO: Assemble Python into code variable.
  var code = '...';
  // TODO: Change ORDER_NONE to the correct strength.
  return [code, Blockly.Python.ORDER_NONE];
};
```

图 15.58　标准生成器函数（Python 语言）

将 15.58 中的代码加入自定义块 JSON 后，如图 15.59 所示。

```
    "output": null,
    "colour": 230,
    "tooltip": "你好，猫猫",
    "helpUrl": ""
  }
  ]);
  Blockly.Python['hellopurr'] = function(block) {
    // TODO: Assemble Python into code variable.
    //var code = '...';
     var code = 'Hello';
    // TODO: Change ORDER_NONE to the correct strength.
    return [code, Blockly.Python.ORDER_NONE];
  };

var workspace = Blockly.inject('blocklyDiv',
    {toolbox: document.getElementById('toolbox')});
```

图 15.59　插入生成器函数

从图 15.59 中可以看出，code 后即读者要为该自定义块生成的语言代码，此处即为“Hello”。

大多数 Blockly 应用都需要将用户程序转换为 JavaScript、Python、PHP、Lua、Dart 或其他语言，这一转换过程是由 Blockly 客户端完成的。

生成代码时需要引入所要生成语言的生成器。Blockly 中包含以下生成器：javascript_compressed.js、python_compressed.js、php_compressed.js、lua_compressed.js、dart_compressed.js。

生成器类需要在 blockly_compressed.js 之后引入，代码如下：

```
<script src="blockly_compressed.js"></script>
<script src="python_compressed.js"></script>
```

当应用调用时，用户可以随时将生成的代码从应用中导出，如下：

```
var code=Blockly.JavaScript.workspaceToCode(workspace);
```

将以上代码中的 JavaScript 替换为 Python、PHP、Lua、或 Dart，就可以生成相应的代码。

2. 实时生成

生成代码的操作非常快，因此，频繁调用生成函数也不会有问题。这样，可以通过添加 Blockly 事件监听来实时生成代码，如下：

```
function myUpdateFunction(event) {
    var code=Blockly.Python.workspaceToCode(workspace);
    document.getElementById('py_txtarea').value=code;
 }
 workspace.addChangeListener(myUpdateFunction);
```

3. 加入显示生成代码的文本区域

在 xml 结束标签后插入文本区域来定义脚本，如图 15.60 所示。

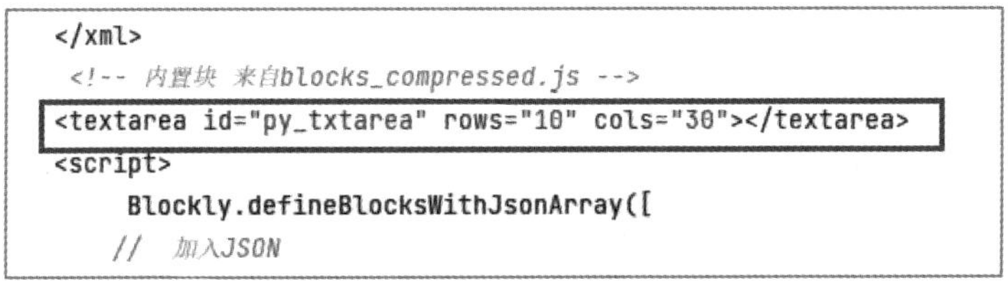

图 15.60　插入文本区域来定义脚本

完整代码如下：

```
<html>
  <head>
    <title>添加生成器函数</title>
    <meta http-equiv="Content-Type"content="text/html;charset=utf-8"/>
  </head>
  <body>
    <script src="blockly_compressed.js"></script>
    <script src="python_compressed.js"></script>
    <script src="blocks_compressed.js"></script>
    <script src="en.js"></script>

    <div id="blocklyDiv" style="height:480px;width:600px;"></div>

    <xml id="toolbox" style="display:none">
      <block type="controls_if"></block>
      <block type="controls_repeat_ext"></block>
      <block type="logic_compare"></block>
      <block type="math_number"></block>
      <block type="math_arithmetic"></block>
      <block type="text"></block>
      <block type="text_print"></block>
      <block type="hellopurr"></block>             //添加工具箱引用
    </xml>
      <!-- 内置块来自 blocks_compressed.js -->
    <textarea id="py_txtarea" rows="10" cols="30"></textarea>
    <script>
        Blockly.defineBlocksWithJsonArray([
        //加入 JSON
        {
```

```
        "type":"hellopurr",
        "message0":"%1",
        "args0":[
          {
            "type":"field_image","src":"https://up.enterdesk.com/
            photo/2009-2-11/200902061824471888.jpg",
            "width":100,
            "height":50,
            "alt":"*",
            "flipRtl":false
          }
        ],
        "output":null,
        "colour":230,
        "tooltip":"你好，猫猫",
        "helpUrl":""
      }
    ]);
    Blockly.Python['hellopurr']=function(block) {
      //TODO:Assemble Python into code variable.
      //var code='...';
       var code='Hello';
      //TODO:Change ORDER_NONE to the correct strength.
      return [code,Blockly.Python.ORDER_NONE];
    };

  var workspace=Blockly.inject('blocklyDiv',
    {toolbox:document.getElementById('toolbox')});

  function myUpdateFunction(event) {
    var code=Blockly.Python.workspaceToCode(workspace);
    document.getElementById('py_txtarea').value=code;
  }
    workspace.addChangeListener(myUpdateFunction);

  </script>
 </body>
</html>
```

运行以上代码后的效果如图 15.61 所示。

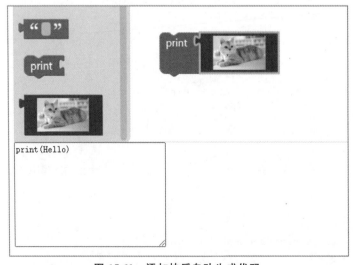

图 15.61 添加块后自动生成代码

15.5.8　执行代码

代码生成后，为了执行代码，可在页面上添加"执行"按钮，添加位置在<textarea>后，如图 15.62 所示。

```
</xml>
    <!-- 内置块 来自blocks_compressed.js -->
<textarea id="py_txtarea" rows="10" cols="30"></textarea>
<button id="run" onclick="runCode()">执行</button>

<script>
    Blockly.defineBlocksWithJsonArray([
```

图 15.62　添加"执行"按钮

添加"执行"按钮后的运行效果如图 15.63 所示。

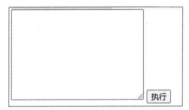

图 15.63　添加"执行"按钮后的运行效果

因为要在网页上执行程序，并显示执行结果，需用到 JavaScript，可以先在图 15.64 所示的位置添加代码<script src="javascript_compressed.js"></script>，引入 JavaScript 语言生成器。

```
<body>
    <script src="blocky_compressed.js"></script>
    <script src="javascript_compressed.js"></script>
    <script src="python_compressed.js"></script>
    <script src="blocks_compressed.js"></script>
    <script src="en.js"></script>
```

图 15.64　添加 JavaScript 语言生成器

添加代码生成器（JavaScript），此处的代码可以从块工厂定义的时候直接复制。添加 JavaScript 代码生成器后的结果如图 15.65 所示。

```
Blockly.JavaScript['hellopurr'] = function(block) {
    // TODO: Assemble JavaScript into code variable.
    var code ='\"Hello"';
    // TODO: Change ORDER_NONE to the correct strength.
    return [code, Blockly.JavaScript.ORDER_NONE];
};

Blockly.Python['hellopurr'] = function(block) {
    // TODO: Assemble Python into code variable.
    //var code = '...';
    var code = 'Hello';
    // TODO: Change ORDER_NONE to the correct strength.
    return [code, Blockly.Python.ORDER_NONE];
};
```

图 15.65　添加 JavaScript 代码生成器后的结果

code 后即读者要为该自定义块生成的语言代码。

一旦收集了所有的参数，就可以组装最终的代码，这对于大多数块来说都很简单。下面是一个 while 循环的例子：

```
var code='while ('+argument0+') {\n'+branch0+'}\n';
```

最后添加 runCode 代码，如图 15.66 所示。

```
workspace.addChangeListener(myUpdateFunction);

function runCode(){
  var code =Blockly.JavaScript.workspaceToCode(workspace);
  try{
      eval(code);
  }catch(e){
      alert(e);
  }
}

</script>
```

图 15.66　添加 runCode 代码

从工具箱中拖放几个块，然后运行，效果如图 15.67 所示，首先输出"Hello"，点击"确定"按钮后，输出"9"。

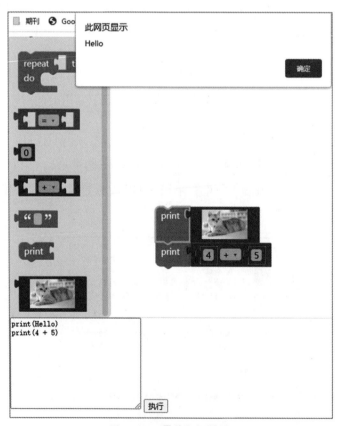

图 15.67　最终运行效果

完整的程序代码如下：

```html
<html>
  <head>
    <title>执行代码</title>
    <meta http-equiv="Content-Type"content="text/html;charset=utf-8"/>
  </head>
  <body>
    <script src="blockly_compressed.js"></script>
    <script src="javascript_compressed.js"></script>
    <script src="python_compressed.js"></script>
    <script src="blocks_compressed.js"></script>
    <script src="en.js"></script>

    <div id="blocklyDiv" style="height:480px;width:600px;"></div>

    <xml id="toolbox" style="display:none">
      <block type="controls_if"></block>
      <block type="controls_repeat_ext"></block>
      <block type="logic_compare"></block>
      <block type="math_number"></block>
      <block type="math_arithmetic"></block>
      <block type="text"></block>
      <block type="text_print"></block>
      <block type="hellopurr"></block>          //添加工具箱引用
    </xml>
    <!-- 内置块来自blocks_compressed.js -->
    <textarea id="py_txtarea" rows="10" cols="30"></textarea>
    <button id="run" onclick="runCode()">执行</button>

    <script>
        Blockly.defineBlocksWithJsonArray([
        //加入JSON
        {
          "type":"hellopurr",
          "message0":"%1",
          "args0":[
            {
              "type":"field_image","src":
              "https://up.enterdesk.com/photo/2009-2-11/200902061824471888.jpg",
              "width":100,
              "height":50,
              "alt":"*",
              "flipRtl":false
            }
          ],
          "output":null,
          "colour":230,
          "tooltip":"你好，猫猫",
          "helpUrl":""
        }
        ]);

      Blockly.JavaScript['hellopurr']=unction(block) {
        //TODO:Assemble JavaScript into code variable.
        var code='\"Hello"';
        //TODO:Change ORDER_NONE to the correct strength.
        return [code,Blockly.JavaScript.ORDER_NONE];
      };

      Blockly.Python['hellopurr']=function(block) {
```

```
      //TODO:Assemble Python into code variable.
      //var code='...';
       var code='Hello';
      //TODO:Change ORDER_NONE to the correct strength.
      return [code,Blockly.Python.ORDER_NONE];
    };

  var workspace=Blockly.inject('blocklyDiv',
     {toolbox:document.getElementById('toolbox')});

  function myUpdateFunction(event) {
    var code=Blockly.Python.workspaceToCode(workspace);
    document.getElementById('py_txtarea').value=code;
  }
  workspace.addChangeListener(myUpdateFunction);

  function runCode() {
    var code=Blockly.JavaScript.workspaceToCode(workspace);
    try {
      eval(code);
    } catch(e) {
      alert(e);
    }
  }

  </script>
 </body>
</html>
```

15.5.9 网格

代码分析 6-
网格和缩放

Blockly 的主工作区可以有一个网格。网格可以对块进行分隔，从而实现更整洁的布局。当工作区较大时，这非常有用。可视化配置请参照第 15.4 节。

注入 Blockly 时，可以在其配置选项中启用网格，代码如下：

```
var workspace=Blockly.inject('blocklyDiv',
  {toolbox:document.getElementById('toolbox'),
  grid:
   {spacing:20,
   length:3,
   colour:'#ccc',
   snap:true},
  trashcan:true
  });
```

网格参数配置包括 spacing、length、colour、snap。

spacing：网格中非常重要的配置项是 spacing，它用于定义网格中点的距离。其默认值是 0，其结果是不会有网格。图 15.68 是将 spacing 分别设置为 10、20 和 40 的显示效果。

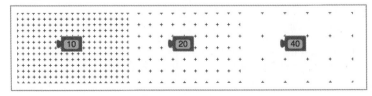

图 15.68   spacing

length：用于定义网格端点形状的数字。当长度为 0 时，结果为一个看不见的网格；当长度为 1（默认值）时，为一个点；当长度更长时，会导致交叉；当长度等于或大于 spacing 时，将没有间隔。图 15.69 是将 length 分别设置为 1、5 和 20 的显示效果。

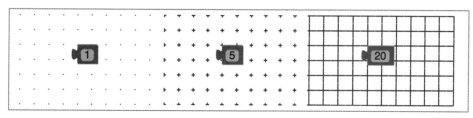

图 15.69　length

colour：用于定义网格端点的颜色，可以使用任何与 CSS 兼容的格式，如#f00、#ff0000 或 rgb(255,0,0)，其默认值为#888。

图 15.70 所示为将 colour 分别设置为#000、#ccc 和#f00 的显示效果。

图 15.70　colour

snap：为一个布尔值，用于设置当其放置在工作空间时，块是否应该锁定到最近的网格点。其默认值为 false。

15.5.10　缩放

Blockly 工作区也可以进行缩放，可视化配置请参照第 15.4 节的内容。

注入 Blockly 时，可以在其配置选项中启用缩放，代码如下：

```
var workspace=Blockly.inject('blocklyDiv',
  {toolbox:document.getElementById('toolbox'),
  grid:
    {spacing:20,
    length:3,
    colour:'#ccc',
    snap:true},
  zoom:
    {controls:true,
    wheel:true,
    startScale:1.0,
    maxScale:3,
    minScale:0.3,
    scaleSpeed:1.2,
    pinch:true},
  trashcan:true
  });
```

controls：当设置为 true 时，会显示 zoom-centre、zoom-in 和 zoom-out 三个按钮，默认为 false。

wheel：当设置为 true 时，允许鼠标滚轮缩放，默认为 false。

startScale：表示初始放大基数。对于多层应用来说，startScale 会在第一层设置一个高级值，这样在子层就可以根据这个值进行更复杂的缩放，默认为 1.0。

maxScale：最大可放大的倍数，默认为 3。

minScale：最小可缩小的数，默认为 0.3。

scaleSpeed：每次放大或缩小时的缩放速度比，即 scale=scaleSpeed ^ steps。注意，缩小时使用减，放大时使用加，默认为 1.2。

15.6　puzzle 游戏开发

下面我们利用本章前面介绍的知识完成 Blockly Games 中的两个动物（猫和鸭子）拼图（puzzle）游戏，结果如图 15.71 所示。

图 15.71　猫和鸭子的拼图（puzzle）游戏

15.6.1　自定义块

（1）定义 cat 块，即猫的拼图块，并保存块，结果如图 15.72 所示。

puzzle 游戏 1–自定义块和导出代码块

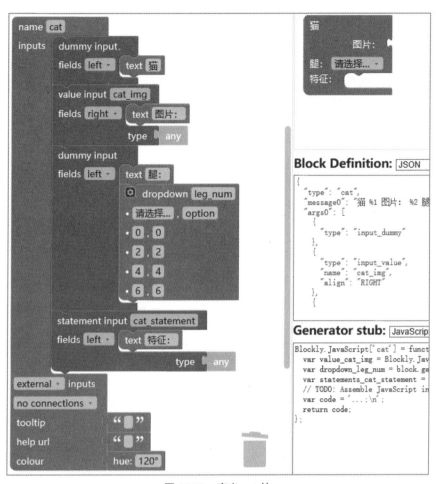

图 15.72　定义 cat 块

（2）定义猫的图片块，并保存块，结果如图 15.73 所示。

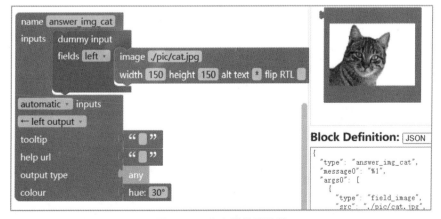

图 15.73　定义猫的图片块

猫的图片可以从 Blockly Games 的 "\blockly-games\zh-hans\puzzle" 下复制到自己的文件夹下，本例中复制到当前目录的 pic 下，因此引用图片的地址采用相对地址 "./pic/cat.jpg"。

（3）定义鸭子的图片块，并保存块，结果如图 15.74 所示。

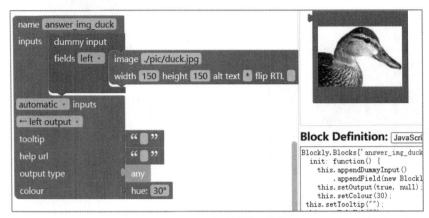

图 15.74　定义鸭子的图片块

（4）定义猫的特征"毛皮"，并保存块，结果如图 15.75 所示。

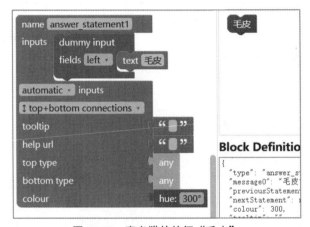

图 15.75　定义猫的特征"毛皮"

（5）定义猫的特征"胡须"，并保存块，结果如图 15.76 所示。

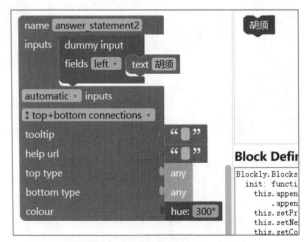

图 15.76　定义猫的特征"胡须"

15.6.2　导出代码块

点击"Block Exporter"选项卡，选定上面定义的 5 个块，选择"Block Definition(s)"下的"Format"和"Generator Stub(s)"下的"Language"均为"JavaScript"，并分别定义文件名为"puzzle_b"和"puzzle_g"，点击"Export"按钮，即可将所有块的定义代码导入 puzzle_b.js 文件中，将所有块的生成代码导入 puzzle_g.js 文件中，设置如图 15.77 所示。

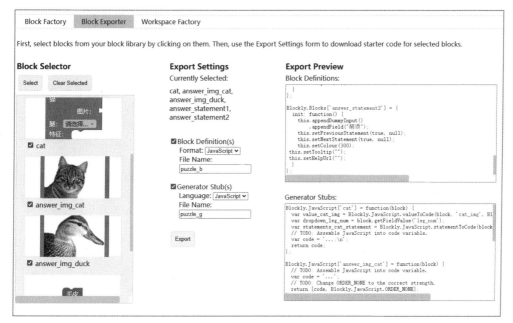

图 15.77　块定义导出

导出的 puzzle_b.js 文件的代码如下：

```
Blockly.Blocks['cat']={
  init:function() {
    this.appendDummyInput()
      .appendField("猫");
    this.appendValueInput("cat_img")
      .setCheck(null)
      .setAlign(Blockly.ALIGN_RIGHT)
      .appendField("图片: ");
    this.appendDummyInput()
      .appendField("腿: ")
      .appendField(new Blockly.FieldDropdown([["请选择…","1"],["0","0"],
        ["2","2"],["4","4"],["6","6"]]),"leg_num");
    this.appendStatementInput("cat_statement")
      .setCheck(null)
      .appendField("特征: ");
    this.setInputsInline(false);
    this.setColour(120);
    this.setTooltip("");
    this.setHelpUrl("");
  }
};
```

```
Blockly.Blocks['answer_img_cat']={
  init:function() {
    this.appendDummyInput()
      .appendField(new Blockly.FieldImage("./pic/cat.jpg",150,150,
        {alt:"*",flipRtl:"FALSE"}));
    this.setOutput(true,null);
    this.setColour(30);
    this.setTooltip("");
    this.setHelpUrl("");
  }
};

Blockly.Blocks['answer_img_duck']={
  init:function() {
    this.appendDummyInput()
      .appendField(new Blockly.FieldImage("./pic/duck.jpg",
        150,150,{alt:"*",flipRtl:"FALSE"}));
    this.setOutput(true,null);
    this.setColour(30);
    this.setTooltip("");
    this.setHelpUrl("");
  }
};

Blockly.Blocks['answer_statement1']={
  init:function() {
    this.appendDummyInput()
      .appendField("毛皮");
    this.setPreviousStatement(true,null);
    this.setNextStatement(true,null);
    this.setColour(300);
    this.setTooltip("");
    this.setHelpUrl("");
  }
};

Blockly.Blocks['answer_statement2']={
  init:function() {
    this.appendDummyInput()
      .appendField("胡须");
    this.setPreviousStatement(true,null);
    this.setNextStatement(true,null);
    this.setColour(300);
    this.setTooltip("");
    this.setHelpUrl("");
  }
};
```

导出的 puzzle_g.js 文件的代码如下：

```
Blockly.JavaScript['cat']=function(block) {
  var value_cat_img=Blockly.JavaScript.valueToCode(block,'cat_img',
    Blockly.JavaScript.ORDER_ATOMIC);
  var dropdown_leg_num=block.getFieldValue('leg_num');
  var statements_cat_statement=
    Blockly.JavaScript.statementToCode(block,'cat_statement');
  //TODO:Assemble JavaScript into code variable.
  var code='...;\n';
  return code;
};

Blockly.JavaScript['answer_img_cat']=function(block) {
```

```
  //TODO:Assemble JavaScript into code variable.
  var code='...';
  //TODO:Change ORDER_NONE to the correct strength.
  return [code,Blockly.JavaScript.ORDER_NONE];
};

Blockly.JavaScript['answer_img_duck']=function(block) {
  //TODO:Assemble JavaScript into code variable.
  var code='...';
  //TODO:Change ORDER_NONE to the correct strength.
  return [code,Blockly.JavaScript.ORDER_NONE];
};

Blockly.JavaScript['answer_statement1']=function(block) {
  //TODO:Assemble JavaScript into code variable.
  var code='...;\n';
  return code;
};

Blockly.JavaScript['answer_statement2']=function(block) {
  //TODO:Assemble JavaScript into code variable.
  var code='...;\n';
  return code;
};
```

15.6.3　导出工作区

拼图游戏不涉及 Toolbox 工具箱，这里直接定义工作区即可（在工作区工厂（Workspace Factory）），即将需要用到的块添加到工作区，如图 15.78 所示，然后导出 Starter Code 和 Workspace Blocks 文件。

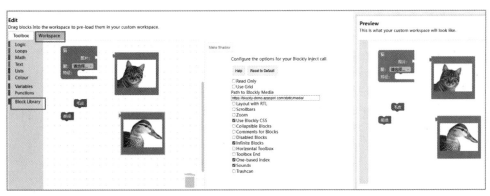

图 15.78　导出工作区

导出的 workspace.xml 文件的代码如下：

```
<xml xmlns="https://developers.google.com/blockly/xml" id="workspaceBlocks"
    style="display:none">
  <block type="cat" id="`a7D~82mF9qvBUU^suf$" x="37" y="38">
    <field name="leg_num">choice</field>
  </block>
  <block type="answer_img_cat" id="a!^6+Ee=-_Da6JZumU?0" x="238" y="62"> </block>
  <block type="answer_statement1" id="vE^iV+8(;E:vS`^Wh;6d" x="88" y="238"> </block>
  <block type="answer_statement2" id="(Q%d~QHOcD60`cL59?*g" x="38" y="287"> </block>
  <block type="answer_img_duck" id="N6+HfP5WG@Vh%-iU}jf)" x="262" y="287"> </block>
</xml>
```

导出的 workspace.js 文件的代码如下：

```
/* TODO:Change toolbox XML ID if necessary.Can export toolbox XML from
 Workspace Factory. */
var toolbox=document.getElementById("toolbox");

var options={
toolbox:toolbox,
collapse:false,
comments:false,
disable:false,
maxBlocks:Infinity,
trashcan:false,
horizontalLayout:false,
toolboxPosition:'start',
css:true,
media:'https://blockly-demo.appspot.com/static/media/',
rtl:false,
scrollbars:false,
sounds:true,
oneBasedIndex:true
};

/* Inject your workspace */
var workspace=Blockly.inject(/* TODO:Add ID of div to inject Blockly into */,options);

/* Load Workspace Blocks from XML to workspace.Remove all code below if no
 blocks to load */

/* TODO:Change workspace blocks XML ID if necessary. Can export workspace blocks
 XML from Workspace Factory. */
var workspaceBlocks=document.getElementById("workspaceBlocks");

/* Load blocks to workspace. */
Blockly.Xml.domToWorkspace(workspaceBlocks,workspace);
```

15.6.4 整理文件和代码

新建一个文件夹，然后将上面导出的文件 puzzle_b.js、puzzle_g.js、workspace.js、文件夹 pic、blockly_compressed.js 和 javascript_compressed.js 复制到文件夹下，然后新建 index.html 文件，结果如图 15.79 所示。

图 15.79   puzzle 游戏目录结构

按照第 15.5.1 节中的介绍完成 index.html 文件，再导入相关 js 文件，并将 workspace.xml 文件中的内容复制到 body 标签中，代码如下：

```
<html>
  <head>
```

```
      <title>puzzle 游戏</title>
    </head>
    <body>
      <script src="blockly_compressed.js"></script>
      <script src="javascript_compressed.js"></script>
      <script src="puzzle_b.js"></script>
      <script src="puzzle_g.js"></script>

      <div id="blocklyDiv"></div>
      <xml xmlns="https://developers.google.com/blockly/xml" id="workspaceBlocks"
        style="display: none">
        <block type="cat" id="GCSEWcoxpUfC-Fn4uT}]" x="38" y="13">
          <field name="leg_num">choice</field>
        </block>
        <block type="answer_img_duck" id="hyVc%u^fAi$/x.pIeVXD" x="313" y="63">
          </block>
        <block type="answer_img_cat" id="fnn/3$uU+kHMup=o#~%H" x="38" y="188">
          </block>
        <block type="answer_statement1" id="%T6*(PuO=B[vY1:pdrWR" x="288" y="263">
          </block>
        <block type="answer_statement2" id="/0?2YG%w6;s6^d7!CIfM" x="363" y="313">
          </block>
      </xml>

      <script src="workspace.js"></script>

    </body>
  </html>
```

导出修改后 workspace.js 中的代码，如下：

```
/* Inject your workspace */
var workspace=Blockly.inject('blockDiv',options);
```

完成以上步骤之后，保存所有的文件，并用浏览器打开 index.html 文件，在浏览器中查看是否创建成功，正确的结果如图 15.80 所示。

图 15.80　puzzle 游戏界面

15.6.5　检查答案功能实现

1. 添加"检查答案"按钮

首先，在 body 中添加"检查答案"按钮，加入位置和代码如下：

```
<script src="puzzle_g.js"></script>
<!-- 插入按钮位置 -->
<button id="check_button">检查答案</button>
```

2. 修改代码

修改 puzzle_g.js 文件中的代码，给每个块的 code 设置
返回代码。为了简化问题，猫的特征只匹配"毛皮"，代码
如下：

```
Blockly.JavaScript['cat']=function(block) {
  var value_cat_img=Blockly.JavaScript.valueToCode(block,'cat_img',
    Blockly.JavaScript.ORDER_ATOMIC);
  var dropdown_leg_num=block.getFieldValue('leg_num');
  var statements_cat_statement=Blockly.JavaScript.statementToCode(block,
    'cat_statement');
  //TODO:Assemble JavaScript into code variable.
  var code=(value_cat_img=="(#cat1)" && dropdown_leg_num==
    "4" && statements_cat_statement==21);
  if(code){
    return "yes";
  }else{
    return "no";
  }
};

Blockly.JavaScript['answer_img_cat']=function(block) {
  //TODO:Assemble JavaScript into code variable.
  var code='#cat1';
  //TODO:Change ORDER_NONE to the correct strength.
  return [code,Blockly.JavaScript.ORDER_NONE];
};

Blockly.JavaScript['answer_img_duck']=function(block) {
  //TODO:Assemble JavaScript into code variable.
  var code = '#duck';
  //TODO:Change ORDER_NONE to the correct strength.
  return [code,Blockly.JavaScript.ORDER_NONE];
};

Blockly.JavaScript['answer_statement1']=function(block) {
  //TODO:Assemble JavaScript into code variable.
  var code='21';
  return code;
};

Blockly.JavaScript['answer_statement2']=function(block) {
  //TODO:Assemble JavaScript into code variable.
  var code='22';
  return code;
};
```

代码说明如下：

```
var code=(value_cat_img=="(#cat1)" && dropdown_leg_num==
  "4" && statements_ cat_statement==21);
```

以上代码用于判断 cat 拼图的所有属性和特征是否都正确，其中 value_cat_img==
"(#cat1)"用于判断图片是否正确，dropdown_leg_num=="4"用于判断腿的数量是否正确，
statements_cat_statement==21 用于判断特征是否有毛皮。

3. 添加按钮控制代码

修改 workspace.js 文件，添加按钮（button）的控制代码和点击事件监听，添加完成后的代码如下：

```
/* TODO:Change toolbox XML ID if necessary.Can export toolbox XML from Workspace
 Factory. */
var toolbox=document.getElementById("toolbox");

var options={
toolbox:toolbox,
collapse:false,
comments:false,
disable:false,
maxBlocks:Infinity,
trashcan:false,
horizontalLayout:false,
toolboxPosition:'start',
css:true,
media:'https://blockly-demo.appspot.com/static/media/',
rtl:false,
scrollbars:false,
sounds:true,
oneBasedIndex:true
};

/*创建点击函数*/
function button_click(){
var code=Blockly.JavaScript.workspaceToCode(workspace);
if(code.match("no")==null){
  alert("It's all right!");
}else{
  alert("Something wrong!");
}
}
/* Inject your workspace */

var workspace=Blockly.inject('blocklyDiv',options);

/* Load Workspace Blocks from XML to workspace.Remove all code below if no blocks
 to load */

/* TODO:Change workspace blocks XML ID if necessary.Can export workspace blocks
 XML from Workspace Factory. */
var workspaceBlocks=document.getElementById("workspaceBlocks");

/* Load blocks to workspace. */
Blockly.Xml.domToWorkspace(workspaceBlocks,workspace);

/*添加点击事件监听*/
document.getElementById("check_button").addEventListener("click",button_click);
```

修改完成后，保存所有代码，用浏览器打开 index.html 文件，完成拼图后，单击"检查答案"按钮，正确的结果如图 15.81 所示。

图 15.81　拼图完成后的结果

15.6.6　为猫增加多个特征块

在第 15.6.5 节中，猫的特征只匹配了"毛皮"一个特征，下面匹配"毛皮"和"胡须"两个特征，修改 puzzle_g.js 文件中 Blockly.JavaScript['cat']的代码，修改后的代码如下：

```
Blockly.JavaScript['cat']=function(block) {
  var value_cat_img=Blockly.JavaScript.valueToCode(block,'cat_img',
    Blockly.JavaScript.ORDER_ATOMIC);
  var dropdown_leg_num=block.getFieldValue('leg_num');
  var statements_cat_statement=
    Blockly.JavaScript.statementToCode(block,'cat_statement');
  //console.log(statements_cat_statement);
  //TODO:Assemble JavaScript into code variable.
  var code=(value_cat_img=="(#cat1)" && dropdown_leg_num==
    "4" && (statements_cat_statement==2122 ||statements_cat_statement==2221));
  if(code){
    return "yes";
  }else{
    return "no";
  }
};
```

修改的地方为：(statements_cat_statement==2122 ||statements_cat_statement==2221);。

statements_cat_statement==2122 表示拼图中的特征为"毛皮"和"胡须"，即"毛皮"在前，"胡须"在后。

statements_cat_statement==2221 表示拼图中的特征为"胡须"和"毛皮"，即"胡须"在前，"毛皮"在后。

修改完成后，保存代码，用浏览器打开 index.html 文件，完成拼图后，单击"检查答案"按钮，正确的结果如图 15.82 所示。

图 15.82　拼图完成后的结果（多个特征）

15.6.7　增加鸭子拼图块

（1）定义 duck_question 块，并保存块，如图 15.83 所示。

puzzle 游戏 1–
增加鸭子拼图块

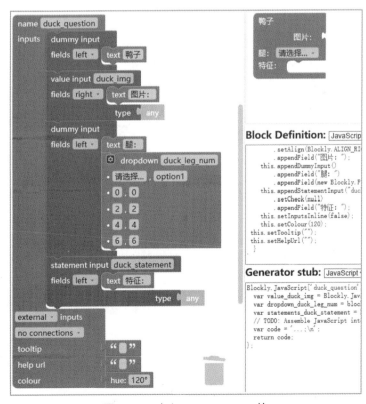

图 15.83　定义 duck_question 块

（2）定义鸭子的特征"羽毛"块，并保存块，结果如图 15.84 所示。

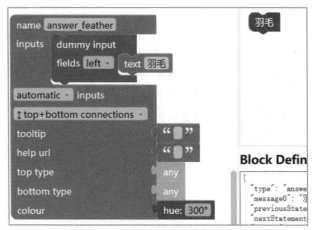

图 15.84　定义鸭子的特征"羽毛"块

（3）定义鸭子的特征"喙"块，并保存块，结果如图 15.85 所示。

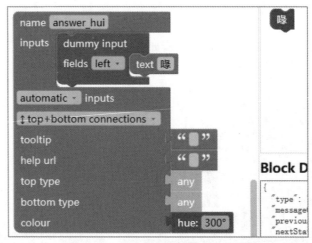

图 15.85　定义鸭子的特征"喙"块

（4）导出工作区。同第 15.6.3 节，将新建的几个块的代码导出，并添加到第 15.6.6 节案例对应的文件中。

①在 index.html 的<xml></xml>中插入 block 代码，如下：

```
<block type="duck_question" id="]t{cPi;1U/[F,zWf8ZN-" x="413" y="38">
  <field name="duck_leg_num">option1</field>
</block>
<block type="answer_feather" id="H9zFNTo$ZAx/pLO)rsIm" x="113" y="313"> </block>
<block type="answer_hui" id="n:vbuGOu8*/ukHrhj$@4" x="63" y="363"></block>
```

②在 puzzle_b.js 文件中加入代码，如下：

```
Blockly.Blocks['duck_question']={
  init:function() {
    this.appendDummyInput()
      .appendField("鸭子");
    this.appendValueInput("duck_img")
```

```
        .setCheck(null)
        .setAlign(Blockly.ALIGN_RIGHT)
        .appendField("图片: ");
    this.appendDummyInput()
        .appendField(new Blockly.FieldDropdown([["请选择…","option1"],
          ["0","0"],["2","2"],["4","4"],["6","6"]]),"duck_leg_num");
    this.appendStatementInput("duct_statement")
        .setCheck(null)
        .appendField("特征: ");
    this.setInputsInline(false);
    this.setColour(120);
    this.setTooltip("");
    this.setHelpUrl("");
  }
};

Blockly.Blocks['answer_feather']={
  init:function() {
    this.appendDummyInput()
        .appendField("羽毛");
    this.setPreviousStatement(true,null);
    this.setNextStatement(true,null);
    this.setColour(300);
    this.setTooltip("");
    this.setHelpUrl("");
  }
};

Blockly.Blocks['answer_hui']={
  init:function() {
    this.appendDummyInput()
        .appendField("喙");
    this.setPreviousStatement(true,null);
    this.setNextStatement(true,null);
    this.setColour(300);
    this.setTooltip("");
    this.setHelpUrl("");
  }
};
```

③在 puzzle_g.js 中加入代码，如下：

```
Blockly.JavaScript['duck_question']=function(block) {
  var value_duck_img=Blockly.JavaScript.valueToCode(block,'duck_img',
    Blockly.JavaScript.ORDER_ATOMIC);
  var dropdown_duck_leg_num=block.getFieldValue('duck_leg_num');
  var statements_duct_statement=Blockly.JavaScript.statementToCode(block,
    'duct_statement');
  //TODO: Assemble JavaScript into code variable.
  var code=(value_duck_img=="(#duck)" && dropdown_duck_leg_num==
    "2" && (statements_duct_statement==3132||statements_duct_statement==3231));
  if(code){
    code="yes";
  }else{
    code="no";
  }
```

```
  return code;
};

Blockly.JavaScript['answer_feather']=function(block) {
  //TODO: Assemble JavaScript into code variable.
  var code='31';
  return code;
};

Blockly.JavaScript['answer_hui']=function(block) {
  //TODO:Assemble JavaScript into code variable.
  var code='32';
  return code;
};
```

修改完成后，保存代码，用浏览器打开 index.html 文件，完成拼图后，单击"检查答案"按钮，正确的结果如图 15.86 所示。

图 15.86　拼图完成后的结果（两个动物）

按照本节介绍的方法，读者完成其他动物块的拼图功能。

15.7　自定义代码编辑器和转换器

本节任务为开发自定义的代码编辑器和转换器，完成后的效果如图 15.87 所示。

自定义代码编辑器
和转换器

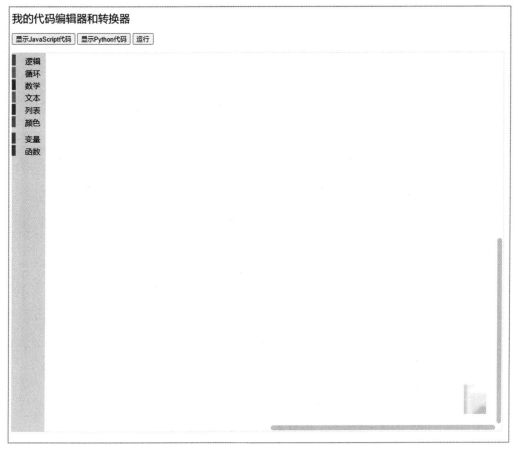

图 15.87　自定义的代码编辑器和转换器

（1）新建项目目录，然后将 blockly_compressed.js、blocks_compressed.js、javascript_compressed.js、python_compressed.js、en.js、zh-hans.js 文件拷贝到目录。

（2）在目录下新建 html 文件，输入完整的 html 结构，导入 js 脚本文件，定义样式，代码如下：

```html
<!DOCTYPE html>
<html>
<head>
  <meta charset="utf-8">
  <title>MyBlock</title>
  <script src="blockly_compressed.js"></script>
  <script src="blocks_compressed.js"></script>
  <script src="javascript_compressed.js"></script>
  <script src="python_compressed.js"></script>
  <script src="zh-hans.js"></script>
  <style>
    body {
      background-color:#fff;
      font-family:sans-serif;
    }
    h1 {
      font-weight:normal;
      font-size:140%;
    }
```

```
    </style>
  </head>
  <body>
    <h1>我的代码编辑器和转换器</h1>
  </body>
</html>
```

（3）定义工具箱和导出工具箱代码。本节使用工作区工厂的工具箱定义中的标准工具箱（Standard Toolbox），读者也可以根据需要从提供类别进行选择，如图 15.88 所示。

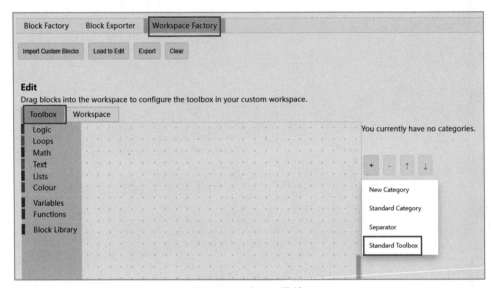

图 15.88　定义工具箱

选择标准工具箱后，添加标准工具箱的结果如图 15.89 所示。

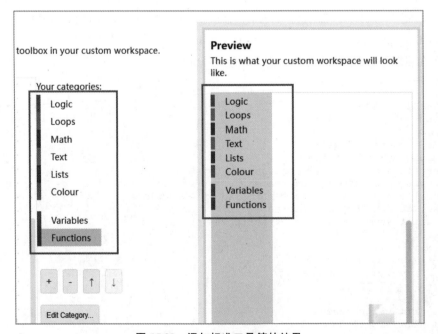

图 15.89　添加标准工具箱的结果

导出工具箱（Export→Toolbox），如图 15.90 所示。

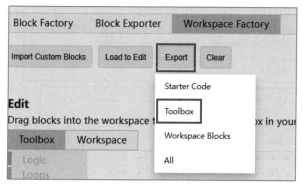

图 15.90　导出工具箱

（4）添加工具箱代码。

将导出的工具箱代码（toolbox.xml）复制到 html 文件的 body 区，如图 15.91 所示（图中加框的位置，因代码较长，截图只提供部分）。

```
</head>
<body>
  <h1>我的代码编辑器和转换器</h1>

  <xml xmlns="https://developers.google.com/blockly/xml" id="toolbox" style="display: none">
    <category name="Logic" colour="#5b80a5">
      <block type="controls_if"></block>
      <block type="logic_compare">
        <field name="OP">EQ</field>
      </block>
      <block type="logic_operation">
        <field name="OP">AND</field>
      </block>
      <block type="logic_negate"></block>
      <block type="logic_boolean">
        <field name="BOOL">TRUE</field>
      </block>
      <block type="logic_null"></block>
      <block type="logic_ternary"></block>
    </category>
    <category name="Loops" colour="#5ba55b">
```

图 15.91　加入工具箱代码

默认工具箱的分类是英文，如果要将分类名称修改成中文，则将工具箱代码中 category name 后的值修改为中文即可，如 "<category name="逻辑" colour="#5b80a5">"，分类下的块名称不需要修改，块名称中的语言通过 "<script src="zh-hans.js"></script>" 引入语言时决定。

（5）添加按钮和固定工作区位置，如图 15.92 所示。

```
<body>
  <h1>我的代码编辑器和转换器</h1>
    <p>
    <button onclick="showCodeJavaScript()">显示JavaScript代码</button>
    <button onclick="showCodePython()">显示Python代码</button>
    <button onclick="runCode()">运行</button>
  </p>

  <div id="blocklyDiv" style="height: 768px; width: 1024px;"></div>

  <xml xmlns="https://developers.google.com/blockly/xml" id="toolbox" style="display: none">
    <category name="逻辑" colour="#5b80a5">
      <block type="controls_if"></block>
      <block type="logic_compare">
        <field name="OP">EQ</field>
```

图 15.92   添加按钮和固定工作区位置

（6）在"</body>"结束标记前加入下面代码：

```
<script>
  var demoWorkspace=Blockly.inject('blocklyDiv',
    {toolbox:document.getElementById('toolbox')});
  Blockly.Xml.domToWorkspace(document.getElementById('startBlocks'),
    demoWorkspace);

  function showCodeJavaScript() {
    //Generate JavaScript code and display it.
    Blockly.JavaScript.INFINITE_LOOP_TRAP=null;
    var code=Blockly.JavaScript.workspaceToCode(demoWorkspace);
    alert(code);
  }

  function showCodePython() {
    //Generate Python code and display it.
    Blockly.Python.INFINITE_LOOP_TRAP=null;
    var code=Blockly.Python.workspaceToCode(demoWorkspace);
    alert(code);
  }

  function runCode() {
    //Generate JavaScript code and run it.
    window.LoopTrap=1000;
    Blockly.JavaScript.INFINITE_LOOP_TRAP=
      'if (--window.LoopTrap==0) throw "Infinite loop.";\n';
    var code=Blockly.JavaScript.workspaceToCode(demoWorkspace);
    Blockly.JavaScript.INFINITE_LOOP_TRAP=null;
    try {
      eval(code);
    } catch (e) {
      alert(e);
    }
  }
</script>
```

showCodeJavaScript()：生成 JavaScript 代码并显示结果。

showCodePython()：生成 Python 代码并显示结果。

runCode()：运行代码并显示结果。

因为是在网页上执行代码，所以执行的代码是转换的 JavaScript 代码。

（7）测试。

自己可以通过工具箱中的代码块来搭建积木代码，如图 15.93 所示（读者也可以自行编写代码）。

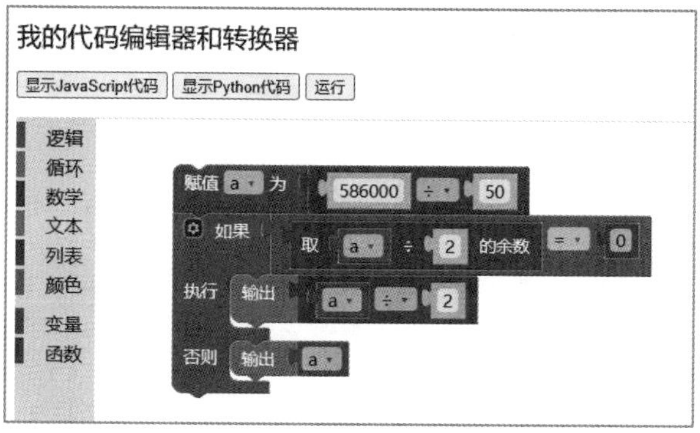
我的代码编辑器和转换器
显示JavaScript代码
显示Python代码
运行
逻辑
循环
数学
文本
列表
颜色
变量
函数
赋值 a 为 586000 ÷ 50
如果 取 a ÷ 2 的余数 = 0
执行 输出 a ÷ 2
否则 输出 a

图 15.93　搭建积木代码

点击“显示 JavaScript 代码”按钮，弹出的窗口中为积木代码转换成 JavaScript 的代码，如图 15.94 所示。

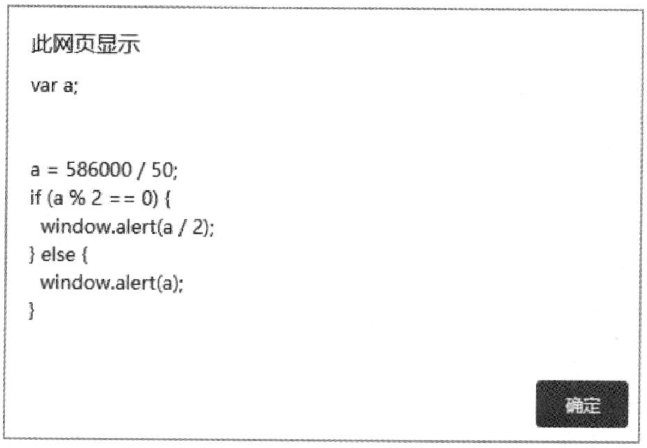
此网页显示
var a;
a = 586000 / 50;
if (a % 2 == 0) {
window.alert(a / 2);
} else {
window.alert(a);
}
确定

图 15.94　积木代码转换成 JavaScript 代码

点击“显示 Python 代码”按钮，弹出的窗口中为积木代码转换成 Python 的代码，如图 15.95 所示。

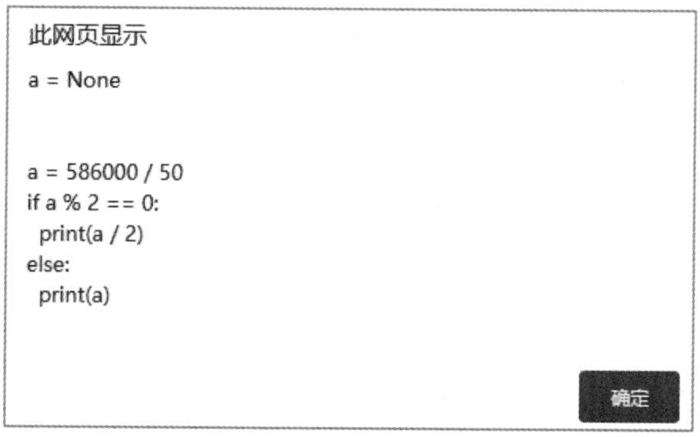
此网页显示
a = None
a = 586000 / 50
if a % 2 == 0:
print(a / 2)
else:
print(a)
确定

图 15.95　积木代码转换成 Python 代码

点击"运行"按钮，弹出的窗口中为执行积木代码的结果，如图15.96所示。

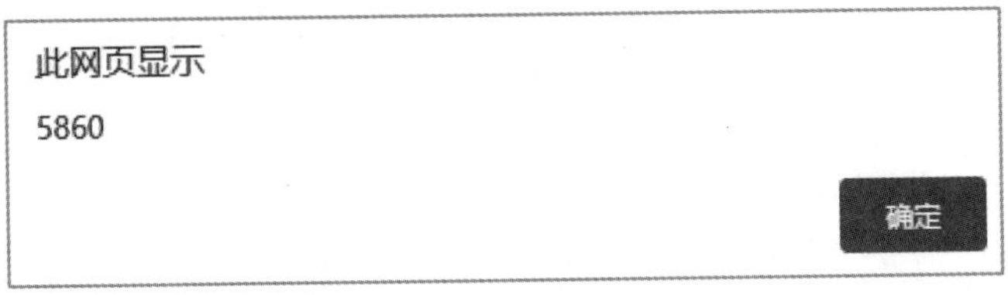

此网页显示

5860

确定

图 15.96   执行积木代码的结果

15.8   习题

1. 继续完成 puzzle 拼图游戏，增加蜜蜂和蜗牛的拼图，完成后的效果如图15.97所示。

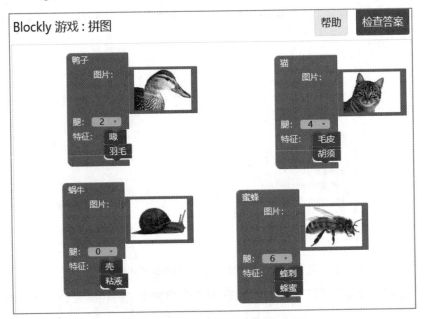

图 15.97   完整拼图游戏的结果